职业教育**大数据专业**系列教材

Hadoop大数据技术原理与应用

Hadoop DASHUJU
JISHU YUANLI YU YINGYONG

主　编　周宪章　彭　阳

副主编　陈可欣　张　盼　刘　翰　李姜伟

　　　　伍飞宇　王　林　汪虹亚

重庆大学出版社

图书在版编目(CIP)数据

Hadoop 大数据技术原理与应用／周宪章,彭阳主编
. -- 重庆:重庆大学出版社,2023.5
中等职业教育大数据技术应用专业系列教材
ISBN 978-7-5689-3632-3

Ⅰ.①H… Ⅱ.①周… ②彭… Ⅲ.①数据处理软件—
中等专业学校—教材 Ⅳ.①TP274

中国版本图书馆 CIP 数据核字(2022)第 223354 号

Hadoop 大数据技术原理与应用

主　编　周宪章　彭　阳
副主编　陈可欣　张　盼　刘　翰　李姜伟
　　　　伍飞宇　王　林　汪虹亚
策划编辑:章　可

责任编辑:杨　漫　　版式设计:杨　漫
责任校对:谢　芳　　责任印制:赵　晟

*

重庆大学出版社出版发行
出版人:饶帮华
社址:重庆市沙坪坝区大学城西路 21 号
邮编:401331
电话:(023)88617190　88617185(中小学)
传真:(023)88617186　88617166
网址:http://www.cqup.com.cn
邮箱:fxk@cqup.com.cn(营销中心)
全国新华书店经销
重庆紫石东南印务有限公司印刷

*

开本:787mm×1092mm　1/16　印张:12.75　字数:260 千
2023 年 5 月第 1 版　　2023 年 5 月第 1 次印刷
印数:1—2 000
ISBN 978-7-5689-3632-3　定价:42.00 元

前　言

　　大数据是信息化发展的新阶段，随着信息技术与人类生产生活交汇融合，互联网快速普及，全球数据呈现爆发式增长、海量集聚的特点，对经济发展、社会治理、国家管理、人民生活都产生了重大影响。世界各国都把推进经济数字化作为实现创新发展的重要动能，在前沿技术研发、数据开放共享、隐私安全保护、人才培养等方面做了前瞻性布局。那么，要推动大数据技术产业创新发展，就必须要培育造就一批大数据领军企业，打造多层次、多类型的大数据人才队伍。为此，近几年，中职学校陆续开设与大数据技术相关的课程。大数据技术已然成为数据科学、软件工程、云计算、人工智能、网络空间安全等相关领域工作者的一种必备技能。

　　本书以提高应用能力为目的，每个项目设置多个任务，循序渐进，再以综合实训为辅，带领读者走进大数据的世界，帮助读者在感受大数据魅力的同时掌握大数据相关技能。本书主要内容如下：

　　项目一 Hadoop 大数据处理平台。首先介绍 Linux 网络配置、防火墙安全机制，让读者回顾 Linux 基础知识，为 Hadoop 集群配置打下基础，紧接着详细介绍了 Hadoop 集群配置时需要的基本环境搭建、集群安装与启动过程等内容。通过本项目的学习，读者能够搭建 Hadoop 大数据环境。

　　项目二大数据存储技术（HDFS）。首先介绍 HDFS 的基本概念，包括数据块、名称节点、第二名称节点、数据节点，接着详细讲解 HDFS 读取、写入数据的过程，以及 HDFS 常用命令。

　　项目三大数据离线计算框架（MapReduce & YARN）。主要介绍了 MapReduce 计算过程、MapReduce 具体函数的用法、YARN 架构、YARN 调度过程等，让读者能够深刻地理解大数据离线计算框架。

　　项目四大数据数据库（HBase）。依次介绍了 HBase 与关系型数据库的区别、HBase 的应用场景、HBase 表和 Region、HBase 的系统架构与功能组建、HBase 的读写流程，最后以 HBase 的综合实训 Score 成绩表的处理为例，详细说明 HBase 环境搭建以及 Shell 命令的用法。

项目五大数据数据仓库(Hive)。主要介绍了 Hive 的特性、与传统数据仓库的区别、Hive 架构和数据存储的基础知识,最后以 Hive 应用实践为例,详细说明 Hive 环境搭建、HiveQL 编程以及如何加载数据到 Hive。

项目六大数据数据转换(Sqoop)。主要介绍了 Sqoop 的功能与特性,并通过 Sqoop 具体操作,介绍 Sqoop 迁移过程,包括迁移 MySQL 和 HDFS 数据。

项目七大数据日志处理(Flume)。主要介绍了日志数据采集工具 Flume 的基本概念、Flume agent 的编写以及 Flume 与 Kafka 结合进行日志处理的操作,让读者能够进一步认识 Flume。

项目八大数据实时计算框架(Spark)。通过丰富的实例介绍 Spark 相关知识,其中包括 Spark 的概述、Spark 技术架构、Spark 应用实践、Spark Streaming 和 Spark SQL。

本书由周宪章、彭阳负责策划并统稿,陈可欣编写了项目一;张盼编写了项目二;刘翰编写了项目三、项目四;李姜伟编写了项目五;伍飞宇、王林、汪虹亚参与了项目六至项目八的编写。

编者在编写本书的过程中参考了大量的官方技术文档和互联网资源,在此向有关单位及作者表示由衷的感谢。

感谢重庆工信职业学院和重庆翰海睿智大数据科技股份有限公司研发团队为本书编写提供的支持与帮助。

由于编者水平有限,书中疏漏之处在所难免,恳切希望广大读者多提宝贵意见。

编　者

2022 年 11 月

目　录

项 目 一

Hadoop 大数据处理平台

在数据"爆炸"的时代,Hadoop 作为处理大数据的分布式存储和计算框架,得到了国内外大、中、小型企业的广泛应用,学习 Hadoop 技术是从事大数据行业工作必不可少的一步。

本项目通过介绍 Linux 网络配置、防火墙安全机制,强调要建设网络强国,需要有健全的网络与信息安全组织体系、完善的网络与信息安全管理制度和高素质的网络与信息安全队伍。通过本项目的学习,能帮助学生在学习和生活中不断增强自身的网络安全意识,能合理利用网络,学会明是非、辨真假;通过介绍 Hadoop 集群配置时需要的基本环境搭建、集群安装与启动过程等内容,培养学生刻苦钻研的学习态度、奉献精神和团队协作意识;增强学生的民族自豪感,激发学生的爱国热情,培养学生科技兴国的责任感与使命感;引导学生严谨治学,培养学生尊重软件知识产权和遵纪守法的意识。

📶 学习目标

- 认识 Hadoop
- 掌握 Linux 网络配置
- 掌握 Linux 安全机制
- 掌握 Linux 环境下 Java 的安装与配置
- 掌握 Linux 环境下 Hadoop 的安装与配置
- 掌握 Hadoop 集群部署

📶 学习情境

最近公司新招了一位员工小王,为了让刚毕业的职场新人小王能尽快适应公司环境和业务,领导安排公司老员工老张来带领新入职的小王。经过简短的交谈后,小王了解到公司主要从事大数据相关的业务,选取的大数据平台以搭建在 Linux 上的 Hadoop 平台为主,因此不光对员工的动手操作能力有一定的要求,还需要员工有相应的理论知识来支撑。

　　小王虽然对一些基础的操作十分得心应手,但在较高难度的操作和理论知识储备这方面就没什么信心了。老张很快看出了小王心中的忧虑,为了提升小王的信心,并让他快速融入工作中,老张决定在带领小王熟悉公司业务的同时为他补习相关的理论知识和操作技术。第一天,老张决定先为小王补习 Linux 网络、Linux 安全机制和 Hadoop 环境搭建等相关知识。

学习地图

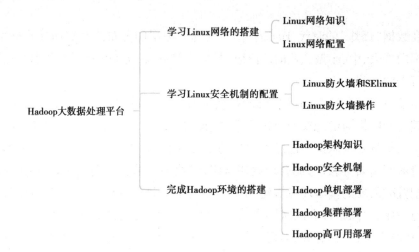

【任务一】学习 Linux 网络的搭建

任务描述

　　网络是所有平台正常运行的基本保证,一个平台无论搭建得多么完美,没有网络支持它就只能在单机环境下运行或无法正常使用。因此在网络方面,老张准备从 Linux 网络的基础知识和 Linux 网络配置这两个方面为小王进行讲解。

知识学习

一、Linux 网络知识

1. OSI 模型和 TCP/IP 模型

OSI 模型一共分为七层,分别为应用层、表示层、会话层、传输层、网络层、数据链路层以及物理层。其中各层的作用分别为：

- 应用层：负责为应用程序提供统一的接口。
- 表示层：负责把数据转换成兼容接收系统的格式。
- 会话层：负责维护计算机之间的通信连接。
- 传输层：负责为数据加上传输表头，形成数据包。
- 网络层：负责数据的路由和转发。
- 数据链路层：负责 MAC 寻址、错误侦测和改错。
- 物理层：负责在物理网络中传输数据帧。

OSI 模型相比 TCP/IP 模型还是太复杂，所以在 Linux 中实际使用的还是 TCP/IP 模型。TCP/IP 模型把网络互联的框架分为应用层、传输层、网络层、网络接口层四层：

- 应用层：负责向用户提供一组应用程序，比如 HTTP、FTP、DNS 等。
- 传输层：负责端到端的通信，比如 TCP、UDP 等。
- 网络层：负责网络包的封装、寻址和路由，比如 IP、ICMP 等。
- 网络接口层：负责网络包在物理网络中的传输，比如 MAC 寻址、错误侦测以及通过网卡传输网络帧等。

OSI 模型和 TCP/IP 模型对应关系如图 1-1 所示。

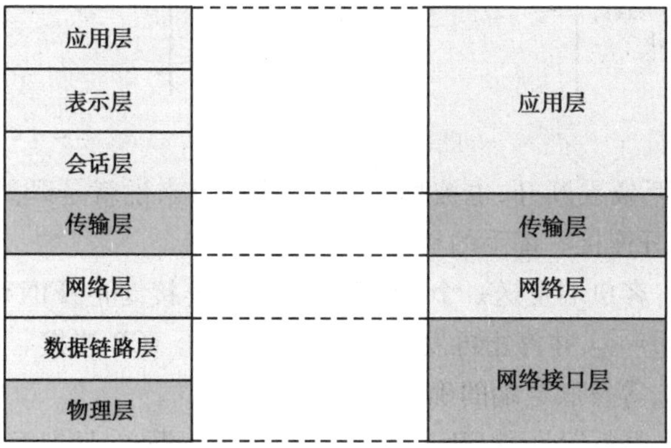

图1-1　OSI 与 TCP/IP 模型对应关系

2.TCP 的三次握手和四次挥手

握手是为了防止已失效的连接请求报文段突然又传送到了服务端，因而产生错误。TCP 是面向连接的，无论哪一方向另一方发送数据，之前都必须先在双方之间建立一条连接。在 TCP/IP 协议中，TCP 协议提供可靠的连接服务，连接是通过三次握手进行初始化的。三次握手的目的是同步连接双方的序列号和确认号并交换 TCP 窗口大小信息。

TCP 三次握手的过程如图 1-2 所示。

握手的具体步骤为：

第一次握手:建立连接。客户端发送连接请求报文段,将 SYN 设置为 1,Sequence Number 为 x;然后,客户端进入 SYN_SEND 状态,等待服务器的确认。

第二次握手:服务器收到 SYN 报文段。服务器收到客户端的 SYN 报文段,需要对这个 SYN 报文段进行确认,设置 ACK Number 为 x+1(Sequence Number+1);同时,还要发送 SYN 请求信息,将 SYN 设置为 1,Sequence Number 为 y;服务器端将上述所有信息放到一个报文段(即 SYN+ACK 报文段)中,一并发送给客户端,此时服务器进入 SYN_RECV 状态。

第三次握手:客户端收到服务器的 SYN+ACK 报文段。然后将 ACK Number 设置为 y+1,向服务器发送 ACK 报文段,这个报文段发送完毕以后,客户端和服务器端都进入 ESTABLISHED 状态,完成 TCP 三次握手。

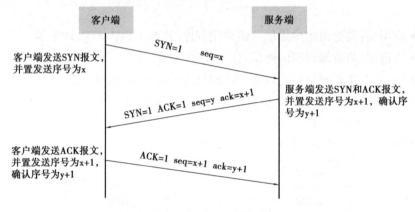

图 1-2　TCP 三次握手

在完成握手后需要断开,也被称为挥手,简单点来说就是既然建立了连接,那么肯定也需要断开连接。挥手的具体步骤为:

第一次挥手:客户端发送一个 FIN 报文(请求连接终止:FIN＝1),报文中会指定一个序列号 seq＝u。并停止再发送数据,主动关闭 TCP 连接。此时客户端处于 FIN_WAIT1 状态,等待服务端的确认。

第二次挥手:服务端收到 FIN 之后,会发送 ACK 报文,且把客户端的序号值+1 作为 ACK 报文的序列号值,表明已经收到客户端的报文了,此时服务端处于 CLOSE_WAIT 状态。此时的 TCP 处于半关闭状态,客户端到服务端的连接释放。客户端收到服务端的确认后,进入 FIN_WAIT2(终止等待 2)状态,等待服务端发出的连接释放报文。

第三次挥手:如果服务端也想断开连接(没有要向客户端发出的数据),和客户端的第一次挥手一样,发送 FIN 报文,且指定一个序列号。此时服务端处于 LAST_ACK 的状态,等待客户端的确认。

第四次挥手:客户端收到 FIN 报文之后,发送一个 ACK 报文作为应答(ack＝w+1),且把服务端的序列值+1 作为自己 ACK 报文的序号值(seq＝u+1),此时客户端处于 TIME_WAIT(时间等待)状态。

TCP 四次挥手的过程如图 1-3 所示。

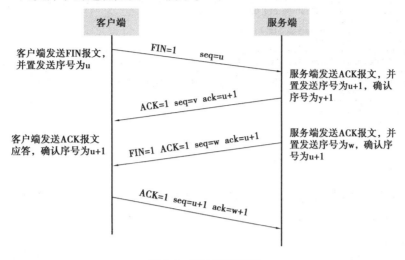

图 1-3　TCP 四次挥手

二、Linux 网络配置

1. 修改网卡配置文件

①首先在 root 用户下,使用命令:vi /etc/sysconfig/network-scripts/ifcfg-ens33,修改网卡配置文件,为机器设置静态 IP。

```
vi /etc/sysconfig/network-scripts/ifcfg-ens33
```

②网卡 ifcfg-ens33 配置文件的部分修改和添加内容如下所示:

```
BOOTPROTO = static              #将 dhcp 改为 static,由动态获取改为静态获取
ONBOOT = yes                    #将 no 改为 yes
IPADDR = 192.168.10.10          #配置 IP 地址
NETMASK = 255.255.255.0         #配置子网掩码
GATEWAY = 192.168.10.2          #配置网关
DNS1 = 192.168.10.10            #配置 DNS 地址
DNS2 = 114.114.114.114
```

2. 生效配置

配置完成后重启网卡设置,让配置生效,同时可以通过命令"ip address"或者简写"ip add"来配置接口的 IP 地址。

```
systemctl restart network.service
```

效果如图 1-4 所示,在加框的区域中可以看到目前 IP 地址已经配置成 192.168.10.10。

```
[root@localhost hadoop]# ip add
1: lo: <LOOPBACK,UP,LOWER_UP> mtu 65536 qdisc noqueue state UNKNOWN group default qlen 1000
    link/loopback 00:00:00:00:00:00 brd 00:00:00:00:00:00
    inet 127.0.0.1/8 scope host lo
       valid_lft forever preferred_lft forever
    inet6 ::1/128 scope host
       valid_lft forever preferred_lft forever
2: ens33: <BROADCAST,MULTICAST,UP,LOWER_UP> mtu 1500 qdisc pfifo_fast state UP group default qlen 1000
    link/ether 00:0c:29:50:07:ba brd ff:ff:ff:ff:ff:ff
    inet 192.168.10.10/24 brd 192.168.10.255 scope global noprefixroute ens33
       valid_lft forever preferred_lft forever
    inet6 fe80::2d48:ee62:f475:c811/64 scope link noprefixroute
       valid_lft forever preferred_lft forever
```

图 1-4　设置效果

3. 配置主机名

①主机名可以通过修改配置文件/etc/hostname 来完成修改。使用命令"vi /etc/hostname"进入配置文件。

```
vi /etc/hostname
```

②根据部署要求,主机名为:master,配置文件修改如下:

```
master                    #将 localhost.localdomain 改为 master
```

③利用命令 reboot 重启方可使配置生效,利用命令 hostname 可以验证主机名修改成功与否。

```
reboot
hostname
master
```

4. 编辑域名映射

域名映射可以通过修改配置文件/etc/hosts 完成,在原始内容后增加一行内容,具体内容如下:

```
192.168.10.10 master
```

任务检测

老王为了考查小王对 Linux 网络搭建的掌握情况,让小王完成以下练习:

1. Linux 系统中,根据下列要求完成配置网络的操作。

①写出网卡配置文件所属位置。

②简述在网卡配置中,需要将 BOOTPROTO=dhcp 修改成 static 的原因。

③如果 IP 地址为 192.168.3.1,网关为 192.168.3.2,子网掩码为 255.255.255.0,网卡配置文件应该如何配置?

④写出配置完网络之后重启网络的命令以及查看 IP 地址是否配置成功的命令。

2. 按照下列表格(表 1-1)完成 Linux 系统中网络的配置并测试,修改主机名,修改域名映射。

表 1-1 配置信息

名称	要求
IP	192.168.3.1
子网掩码	255.255.255.0
网关	192.168.3.2
主机名	Master

【任务二】学习 Linux 安全机制的配置

任务描述

经过 30 多年的发展,Linux 的功能不断增强,其安全机制也在逐步完善。Linux 作为 Hadoop 平台的基础环境,了解其安全机制是件十分重要的事,外界的访问控制、网络访问的审计、外界攻击的抵抗等都依赖于 Linux 自身的安全机制。对于 Linux 安全机制,老张准备从 Linux 防火墙和 SElinux、Linux 防火墙的基础操作这两方面为小王进行讲解。

知识学习

一、Linux 防火墙和 SElinux

1. 防火墙的介绍

在计算机科学领域中,防火墙(Firewall)是一个架设在互联网与企业内网之间的信息安全系统,根据企业预定的策略来监控信息往来的传输。防火墙可能是一台专属的网络设备或是运行于主机上检查各个网络接口传输的部件。它是目前最重要的一种网络防护设备,从专业角度来说,防火墙是位于两个(或多个)网络间,实行网络间访问或控制的一组组件集合的硬件或软件。Linux 防火墙主要工作在网络层,属于典型的包过滤防火墙。并且在 Linux 中,分为 iptables 和 firewalld 两种防火墙。iptables 更接近数据的原始操作,精度更高,firewalld 更易操作。

从物理层面讲,防火墙可以分为硬件防火墙和软件防火墙:

●硬件防火墙:在硬件级别实现部分防火墙功能,另一部分功能基于软件实现,成本高,性能高。

●软件防火墙:安装并运行在通用平台之上的防火墙,成本低,性能低。

从逻辑层面讲,防火墙大体可以分为主机防火墙和网络防火墙:

● 主机防火墙:主要针对单个主机进行防护。

● 网络防火墙:往往处于网络入口或边缘,针对网络入口进行防护,服务于防火墙背后的本地局域网。

网络防火墙和主机防火墙互不影响,可以理解为网络防火墙负责对外(集体),主机防火墙负责对内(个人)。

2. 防火墙的功能

防火墙的功能包括入侵检测功能、网络地址转换功能、网络操作的审计监控功能和强化网络安全功能。

● 入侵检测功能:网络防火墙技术的主要功能之一就是入侵检测功能,主要有反端口扫描、检测拒绝服务工具、检测 CGI/IIS 服务器入侵、检测木马或者网络蠕虫攻击、检测缓冲区溢出攻击等功能,可以极大程度上减少网络威胁因素,有效阻挡大多数对网络的攻击。

● 网络地址转换功能:利用防火墙技术可以有效实现内部网络或者外部网络的 IP 地址转换,可以分为源地址转换和目的地址转换,即 SNAT 和 DNAT。SNAT 主要用于隐藏内部网络结构,避免受到来自外部网络的非法访问和恶意攻击,有效缓解地址空间的短缺问题;而 DNAT 主要用于外网主机访问内网主机,以此避免内部网络被攻击。

● 网络操作的审计监控功能:通过此功能可以有效地对系统管理的所有操作以及安全信息进行记录,提供有关网络使用情况的统计数据,方便计算机网络管理并进行信息追踪。

● 强化网络安全功能:防火墙技术管理可以实现集中化的安全管理,将安全系统装配在防火墙上,在信息访问的途径中就可以实现对网络信息安全的监管。

3. 三表五链

三表指的是:

①存放经过本机内核的所有数据(input output forward)的 filter 表。

②存放不经过内核的数据(postrouting prerouting input output)的 nat 表。

③当 filter 和 nat 表不够用时,对数据进行补充、解释、说明(input output forward postrouting prerouting)的 mangle 表。

它们的功能和内核模块如表 1-2 所示。

表 1-2　表功能及内核模块

表名称	功能	内核模块
filter	负责过滤报文	iptables_filter

表名称	功能	内核模块
nat（Network Address Translation）	用于网络地址转换（IP、端口）	iptables_net
mangle	拆解报文，作出修改，封装报文	iptables_mangle

五链指的是 INPUT、PREROUTING、FORWARD、POSTROUTING、OUTPUT，具体功能如表1-3所示。

表1-3 链功能

五链	功能
PREROUTING	在数据包进入路由选择之前处理数据包
INPUT	处理目的地址为本机的数据包
OUTPUT	原地址为本机，向外发送的数据包
FORWARD	实现数据包的转发
POSTROUTING	在进行路由选择后处理数据包

①INPUT 和 OUTPUT 均包括经过内核和不经过内核的信息。

②FORWARD 是经过内核的路由转发信息。

③POSTROUTING 是不经过内核路由之后的信息。

④PREROUTING 是不经过内核路由之前的信息。

4. SElinux 简介

SElinux 是一种基于域模型（domaintype）的强制访问控制（MAC）安全系统，它由 NSA 编写并设计成内核模块包含到内核中，相应的某些和安全相关的应用也被打了 SElinux 的补丁，最后还有一个相应的安全策略。任何程序对其资源享有完全的控制权。假设某个程序打算把含有潜在重要信息的文件放在/tmp 目录下，那么在自由访问控制（DAC）情况下没人能阻止它。SElinux 提供了比传统的 UNIX 权限更好的访问控制。

SElinux 分为 Enforcing（强制）、Permissive（宽容）、Disabled（禁用）三种：

①Enforcing SElinux 策略强制执行，基于 SElinux 策略规则授予或拒绝主体对目标的访问。

②Permissive SElinux 策略不强制执行，不实际拒绝访问，但会有拒绝信息写入日志。

③Disabled 是完全禁用 SElinux。

SELinux 的工作类型共有四种,分别为:

①strict:centos 5,每个进程都受到 SELinux 的控制,不识别的进程将被拒绝。

②targeted:用来保护常见的网络服务,仅有限进程受到 SELinux 控制,只监控容易被入侵的进程,centos 4 只保护 13 个服务,centos 5 保护 88 个服务。

③minimum:centos 7,修改的 targeted,只对选择的网络提供服务。

④mls:提供 MLS(多级安全)机制的安全性。

targeted 现为 CentOS 系统默认 SELinux 类型,minimum 和 MLS 稳定性不足,未加以应用,strict 现已不存在。

SELinux 的优点如下:

①通过 MAC 对访问的控制彻底化。

②对于进程只赋予最小的权限。

③防止权限升级。

④对于用户只赋予最小的权限。

SELinux 的缺点如下:

①存在特权用户 root。

②对于文件的访问权划分不够细。

③SUID 程序权限升级的漏洞问题。

④DAC(Discretionary Access Control)问题。

5. SElinux 的安全上下文

传统 Linux,一切皆文件,由用户、组、权限控制访问;在 SElinux 中,一切皆对象(object),由存放在 inode 的扩展属性域的安全元素控制其访问。所有文件和端口资源的进程都具备安全标签:安全上下文(security context)。而安全上下文由 user、role、type、sensitivity、category 五个元素组成。每个元素的意义分别为:

①user:指示登录系统的用户类型。

②role:定义文件、进程和用户的用途。

③type:指定了数据类别,type 类别改变可能导致进程无法访问文件。

④sensitivity:限制访问的需要,由组织定义的分层安全级别。s0 最低,target 策略默认使用 s0。

⑤category:对于特定组织划分不分层的分类,target 策略默认不使用 category。

其中最重要的一项为文件的 type 标签,如 httpd 进程只能在 httpd_t 里运行,/etc/passwd 只有 type 为 passwd_file_t 才能起作用,/var/log/messages 文件如果不是 var_log_t 类型将无法记录日志。在 SElinux 安全策略中,修改了 type 类型,可能导致文件无法正常使用。

二、Linux 防火墙操作

Linux 防火墙常用操作。

①防火墙状态查看命令。

```
firewall-cmd --state
或者
systemctl status firewalld
```

②防火墙开启命令。

```
systemctl start firewalld
或者
systemctl start firewalld. service
```

③防火墙关闭命令。

```
systemctl stop firewalld
或者
systemctl stop firewalld. service
```

④设置开机自动启动防火墙。

```
systemctl enable firewalld
或者
systemctl enable firewalld. service
```

⑤开机关闭防火墙。

```
systemctl disenable firewalld
或者
systemctl disenable firewalld. service
```

⑥重新加载配置。

```
firewall-cmd --reload            # 更新规则,不重启服务
firewall-cmd --complete-reload           # 更新规则,重启服务
```

任务检测

老王为了考查小王对 Linux 防火墙安全机制的配置是否掌握牢固,让小王完成以下练习:

1. 简述 Linux 防火墙的三表五链。

2. 简述 SElinux 的优缺点。

3. 写出查看防火墙状态命令。

4. 写出开启/关闭防火墙命令。

5. 写出开机启动防火墙命令。

6. 写出开机关闭防火墙命令。

【任务三】完成 Hadoop 环境的搭建

任务描述

之前为小王讲解的 Linux 网络和 Linux 安全机制是 Hadoop 环境搭建的准备知识，接下来就是 Hadoop 环境搭建的内容，对于这部分，老张准备从 Hadoop 架构知识、安全机制、单机部署、集群部署和高可用部署几个方面进行讲解。

知识学习

一、Hadoop 架构知识

1. HDFS 模块

HDFS 是 Hadoop 集群中最根本的文件系统，它提供了高扩展、高容错、机架感知数据存储等特性，可以非常方便地部署在机器上面。HDFS 除分布式文件系统所通有的特点之外，还有些仅属于自己的特点。

①对硬件故障的考虑。

②更大的数据单元，默认的块大小为 128 MB。

③对序列操作的优化。

④机架感知。

⑤支持异构集群和跨平台。

Hadoop 集群中的数据被划分成更小的单元（通常被称为块），并且将其分布式存储在集群中，每个块有两个副本，这两个副本被存储在集群的一个机架上。这样数据加上自身便有三个副本，具有极高的可用性和容错性，如果一个副本丢失，HDFS 将会自动重新复制一份，以确保集群中一共包含三个数据副本（包含自身）。HDFS 可以分为 Vanilla HDFS 和 High-availability HDFS，这个取决于 Hadoop 版本及所需功能。HDFS 是靠 Leader/Follower 架构实现的，每个集群都必须包含一个 NameNode 节点和一个可选的 SecondaryName 节点，以及任意数量的 DataNodes。除了管理文件系统命名空间和管理元数据之外，NameNode 对 clients 而言，还扮演着 master 和 brokers 的角色（虽然 clients 是直接与 DataNode 进行通信的）。NameNode 完全存在于内存中，但它仍然会将自身状态写入磁盘。

2. MapReduce 模块

MapReduce 是为能够在集群上分布式处理海量数据而量身定做的框架，MapReduce job 可以分为三次连续过程。

①Map 将输入数据划分为 key-value 集合。

②Shuffle 将 Map 产生的结果传输给 Reduce。

③Reduce 则对接收到的 key-value 进一步处理。

MapReduce 的最大工作单元便是 job，每个 job 又会被分割成 map task 或 reduce task。最经典的 MapReduce job 便是统计文档中单词出现的频率。

3. YARN 模块

YARN 是为应用执行分配计算资源的一个框架，主要包含 ResourceManager（一个集群只有一个）、ApplicationMaster（每个应用都有一个）、NodeManagers（每个节点都有一个）这三个核心组件。

YARN 使用了一些容易让人误解的名词作为术语，因此应该特别注意，比如在 Hadoop ecosystem 中，Container 这个概念。平常我们听到 Container 时，我们都认为是与 Docker 相关，但是这里却是指_Resource Container（RC）_，即表示物理资源的集合，通常被抽象地表示，将资源分配给目标和可分配单元。Application 也是一个熟词僻义的用法，在 YARN 中，一个 Application 指的是被一并执行的 task 的集合，YARN 中的 Application 的概念大概类似于 MapReduce 中的 job 这个概念。

ResourceManager 在 YARN 中是一个 rack-aware master 节点，它主要负责管理所有可用资源的集合和运行一些至关重要的服务，其中最重要的便是 Scheduler。Scheduler 组件是 YARN Resourcemanager 中向运行时的应用分配资源的一个重要组件，它仅仅完成资源调度的功能，不完成监控应用状态和进度的功能，因此即使应用执行失败，它也不会去重启失败的应用。但是从 Hadoop 2.7.2 开始，YARN 开始支持少数调度策略 CapacityScheduler、FairScheduler、FIFO Scheduler。默认情况下由 Hadoop 来负责决定使用哪种调度策略，无论使用哪种调度策略，Scheduler 都会通过 Container 来向请求的 ApplicationMaster 分配资源。

每个运行在 Hadoop 上面的应用都会有自己专用的 ApplicationMaster 实例。每个实例存在于集群中的每个节点，且有仅属于自己的单独的 Container。每个 Application 的 ApplicationMaster 都会周期性地向 ResourceManager 发送心跳消息，如果有需要的话，还会向 ResourceManger 请求额外的资源，ResourceManager 便会为额外的资源划分租期（表明该资源已被某 NodeManager 所持有）。ApplicationMaster 会监控每个 Application 的整个生命周期，从向 ResourceManager 请求额外的资源到向 NodeManager 提交请求。

NodeManager 可以认为是监控每个节点的 Container 的代理，会监控每个 Container 的整个生命周期,包括 Container 的资源使用情况,与 ResourceManager 周期性通信。从概念上来说,NodeManager 更像是 Hadoop 早期版本的 TaskTrackers,当时 Taskrackers 主要被用来解决调度 map 和 reduce slots 的问题,NodeManager 有一个动态创建的、任意大小的 Resouce Containers(RCs),并不像 MR1 中的那种 slots,RCs 可以被用在 map tasks 和 reduce tasks 中,或者是其他框架的 tasks 中。

二、Hadoop 安全机制

1. Simple 机制

Simple 机制是 JAAS(Java Authentication and Authorization Service,java 认证与授权服务)协议与 delegation token 结合的一种机制。

用户提交作业时,JobTracker 端要进行身份核实,先是验证到底是不是这个人,即检查执行当前代码的人与 JobConf 的 user. name 中的用户是否一致。然后检查 ACL(Access Control List)配置文件(由管理员配置)是否有提交作业的权限。一旦通过验证,会获取 HDFS 或者 MapReduce 授予的 delegation token(访问不同模块有不同的 delegation token),之后的任何操作,比如访问文件,均要检查该 token 是否存在,且使用者跟之前注册使用该 token 的人是否一致。

2. Kerberos 机制

Kerberos 机制是基于认证服务器的一种方式,Client 将之前获得 TGT 和要请求的服务信息(服务名等)发送给 KDC,KDC 中的 Ticket Granting Service 将为 Client 和 Service 生成一个 Session Key 用于 Service 对 Client 的身份鉴别。

然后 KDC 将这个 Session Key 和用户名、用户地址(IP)、服务名、有效期、时间戳一起包装成一个 Ticket(这些信息最终用于 Service 对 Client 的身份鉴别)发送给 Service,不过 Kerberos 协议并没有直接将 Ticket 发送给 Service,而是通过 Client 转发给 Service,所以有了第二步。此时 KDC 将刚才的 Ticket 转发给 Client,由于这个 Ticket 是要给 Service 的,不能让 Client 看到,所以 KDC 用协议开始前 KDC 与 Service 之间的密钥将 Ticket 加密后再发送给 Client。

同时为了让 Client 和 Service 之间共享那个密钥(KDC 在第一步为它们创建的 Session Key),KDC 用 Client 与它之间的密钥将 Session Key 加密并随加密的 Ticket 一起返回给 Client。为了完成 Ticket 的传递,Client 将刚才收到的 Ticket 转发到 Service。由于 Client 不知道 KDC 与 Service 之间的密钥,所以它无法篡改 Ticket 中的信息。同时 Client 将收到的 Session Key 解密出来,然后将自己的用户名、用户地址(IP)打包成 Authenticator,用 Session Key 加密发送给 Service。

Service 收到 Ticket 后利用它与 KDC 之间的密钥将 Ticket 中的信息解密出来,从而获得 Session Key 和用户名、用户地址(IP)、服务名、有效期。然后再用 Session

Key 将 Authenticator 解密从而获得用户名、用户地址（IP）并将其与之前 Ticket 中解密出来的用户名、用户地址（IP）作比较从而验证 Client 的身份。如果 Service 有返回结果，将其返回给 Client。

3. Hadoop 集群内部使用 Kerberos 进行认证的好处

①可靠：Hadoop 本身并没有认证功能和创建用户组功能，依靠外围的认证系统。

②高效：Kerberos 使用对称钥匙操作，比 SSL 的公共密钥快。

③操作简单：用户可以方便操作，不需要很复杂的指令。比如废除一个用户只需要从 Kerbores 的 KDC 数据库中删除即可。

4. HDFS 安全

Client 获取 NameNode 初始访问认证（使用 kerberos）后，会获取一个 delegation token，这个 token 可以作为接下来访问 HDFS 或提交作业的凭证。

同样为了读取某个文件，Client 首先要与 NameNode 交互，获取对应 block 的 block access token，然后到相应的 DataNode 上读取各个 block，而 DataNode 在初始启动向 NameNode 注册的时候，已经提前获取了这些 token，当 client 要从 TaskTracker 上读取 block 时，首先验证 token，通过后才允许读取。

5. MapReduce 安全

所有关于作业的提交或者作业运行状态的追踪均是采用带有 Kerberos 认证的 RPC 实现的。授权用户提交作业时，JobTracker 会为之生成一个 delegation token，该 token 将被作为 job 的一部分存储到 HDFS 上并通过 RPC 分发给各个 TaskTracker，一旦 job 运行结束，该 token 就将失效。

用户提交作业的每个 task 均是以用户身份启动的，这样一个用户的 task 便不可以向 TaskTracker 或者其他用户的 task 发送操作系统信号，给其他用户造成干扰。这要求为每个用户在所有的 TaskTracker 上建一个账号。

当一个 map task 运行结束时，它要将计算结果告诉管理它的 TaskTracker，之后每个 reduce task 会通过 HTTP 向该 TaskTracker 请求自己要处理的那块数据，Hadoop 应该确保其他用户不可以获取 map task 的中间结果。

其执行过程是：reduce task 对"请求 URL"和"当前时间"计算 HMAC-SHA1 值，并将该值作为请求的一部分发送给 TaskTracker，TaskTracker 收到后会验证该值的正确性。

三、Hadoop 单机部署

1. 配置防火墙

①关闭防火墙、禁止开机启动，禁用 SELinux。

```
systemctl stop firewalld
systemctl disable firewalld
```

②进入配置文件/etc/sysconfig/SELinux 修改 SElinux 的启动状态,修改内容如下:

```
vi /etc/sysconfig/SElinux
SElinux=disabled                    #将 enforcing 改为
disabled
```

2. 安装和配置 Java

①通过模拟软件上传 java 安装包到 /usr/local/src 下,输入如下命令:

```
cd /usr/local/src
```

②使用 tar 命令可以解压上传的 jdk-8u261-linux-x64. tar. gz 的文件,输入如下命令:

```
tar -zxvf jdk-8u261-linux-x64. tar. gz
```

③使用命令 mv 可以对解压文件名进行修改,方便记忆,输入如下命令:

```
mv jdk1.8.0_261/ jdk              #将 jdk1.8.0_261 改为 jdk
```

④通过修改配置文件/etc/profile 完成对环境变量 JAVA_HOME 和 PATH 的设置,在配置文件最后添加如下内容:

```
#set Java
export JAVA_HOME=/usr/local/src/jdk                    #具体解压路径及文件
export PATH= $JAVA_HOME/bin: $PATH
```

⑤使用命令 source /etc/profile 重新加载配置文件,使配置生效,再通过 java-version 查看配置是否成功及其版本。

```
source /etc/profile
java -version
```

效果如图 1-5 所示。

```
[root@localhost hadoop]# java -version
java version "1.8.0_261"
Java(TM) SE Runtime Environment (build 1.8.0_261-b12)
Java HotSpot(TM) 64-Bit Server VM (build 25.261-b12, mixed mode)
```

图 1-5　java 环境配置

3. 安装和配置 Hadoop

①通过模拟软件上传 Hadoop 安装包到 /usr/local/src 下,输入如下命令:

cd /usr/local/src

②使用 tar 命令可以解压上传的 hadoop-2.7.3.tar.gz 的文件,输入如下命令:

tar -zxvf hadoop-2.7.3.tar.gz

③使用命令 mv 可以对解压文件名进行修改,方便记忆,输入如下命令:

mv hadoop-2.7.3 hadoop   #将 hadoop-2.7.3 改为 hadoop

④通过修改配置文件/etc/profile 完成对环境变量 HADOOP_HOME、PATH 的设置,在配置文件最后添加如下内容:

#set Hadoop

export HADOOP_HOME=/usr/local/src/hadoop   #具体解压路径及文件

export PATH=$HADOOP_HOME/bin:$HADOOP_HOME/sbin:$PATH

⑤使用命令 source /etc/profile 重新加载配置文件,使配置生效,再通过 hadoop version 查看配置是否成功及其版本。

source /etc/profile

hadoop version

效果如图 1-6 所示。

```
[root@localhost hadoop]# hadoop version
Hadoop 2.7.3
Subversion https://git-wip-us.apache.org/repos/asf/hadoop.git -r baa91f7c6bc9cb92be5982de4719c1c8af91ccff
Compiled by root on 2016-08-18T01:41Z
Compiled with protoc 2.5.0
From source with checksum 2e4ce5f957ea4db193bce3734ff29ff4
This command was run using /usr/local/src/hadoop/share/hadoop/common/hadoop-common-2.7.3.jar
```

图 1-6　Hadoop 环境配置

如果成功看见 Hadoop 版本等信息,则 Hadoop 单机部署完成。

四、Hadoop 集群部署

1.配置 Hadoop 的伪分布式环境

①修改配置文件 hadoop-env.sh,设置 Hadoop 对应的 JDK 环境。

使用命令 vi /usr/local/src/hadoop/etc/hadoop/hadoop-env.sh 修改配置文件:

export JAVA_HOME=/usr/local/src/jdk

②修改配置文件 core-site.xml。

使用命令 vi /usr/local/src/hadoop/etc/hadoop/core-site.xml 修改配置文件:

vi core-site.xml

配置文件修改如图 1-7 所示。

```
<configuration>
<property>
        <name>fs.default.name</name>
        <value>hdfs://master:9000</value>
</property>
</configuration>
```

图 1-7   core-site. xml 配置文件修改

③修改配置文件 hdfs-site. xml。

使用命令 vi /usr/local/src/hadoop-2.7.3/etc/hadoop/hdfs-site.xml 修改配置文件：

vi hdfs-site. xml

配置文件修改如图 1-8 所示。

```
<configuration>
<property>
        <name>dfs.replication</name>
        <value>1</value>
</property>
</configuration>
```

图 1-8   hdfs-site. xml 配置文件修改

④修改配置文件 mapred. site. xml。

由于该配置文件只有模板,因此需要先使用命令 cp mapred-site. xml. template mapred-site. xml,将模板文件复制一份后再使用命令 vi /usr/local/src/hadoop-2. 7.3/etc/hadoop/yarn-site. xml 修改配置文件：

cp mapred-site. xml. template mapred-site. xml

vi /usr/local/src/hadoop-2.7.3/etc/hadoop/yarn-site. xml

配置文件修改如图 1-9 所示。

```
<configuration>
<property>
        <name>mapred.job.tracker</name>
        <value>master:9001</value>
</property>
</configuration>
```

图 1-9   mapred. site. xml 配置文件修改

2. 安装和配置 SSH 免密登录

①安装 SSH。

yum -y install openssh

yum -y install openssh-server

yum -y install openssh-clients

②修改 sshd 配置文件。

通过修改配置文件/etc/ssh/sshd_config 可以完成对 sshd 的修改,修改内容如下：

| PubkeyAuthentication yes | #将该行的"#"注释掉 |
| RSAAuthentication yes | #新增加一行 |

③重启 sshd 服务。

```
systemctl restart sshd. service
```

④生成公钥和私钥。

使用命令 ssh-keygen 生成公钥和私钥,在图 1-10 所示位置依次输入三次回车键即可:

```
ssh-keygen
```

```
[root@localhost hadoop]# ssh-keygen
Generating public/private rsa key pair.
Enter file in which to save the key (/root/.ssh/id_rsa): Enter
Created directory '/root/.ssh'.
Enter passphrase (empty for no passphrase): Enter
Enter same passphrase again: Enter
Your identification has been saved in /root/.ssh/id_rsa.
Your public key has been saved in /root/.ssh/id_rsa.pub.
The key fingerprint is:
SHA256:TtD3mRC5HkyPWbwkfMi+D8+X4TIJvMfTikaTTZDfAMA root@localhost.localdomain
The key's randomart image is:
+---[RSA 2048]----+
|      ..+o*       |
|      .E X.*      |
|     . .+o% +     |
|      . .Bo=o.    |
|       So *+      |
|      o  X . .    |
|      .. X + o    |
|        o.@ =     |
|        ....*     |
+----[SHA256]-----+
```

图 1-10　生成公钥和私钥

⑤共享公钥。

使用命令 ssh-copy-id -i ~/. ssh/id_rsa. pub root@ master,将 master 的密钥复制给主机。

```
ssh-copy-id -i ~/. ssh/id_rsa. pub root@ master
```

3. 格式化系统

①使用命令 hdfs NameNode -format 进行格式化,如果显示效果如图 1-11 所示,蓝色框线则为成功。

```
hdfs NameNode -format
```

②启动服务,必须要先设置 SSH 免密登录后,使用如下命令可以不输入密码,否则需要输入密码,效果如图 1-12 所示。

```
start-all. sh
```

③通过命令 jps 可以查看启动进程的情况,效果如图 1-13 所示。

```
22/03/27 06:31:47 INFO namenode.FSImage: Allocated new BlockPoolId: BP-1806968517-127.0.0.1-1648377107090
22/03/27 06:31:47 INFO common.Storage: Storage directory /tmp/hadoop-root/dfs/name has been successfully fo
rmatted.
22/03/27 06:31:47 INFO namenode.FSImageFormatProtobuf: Saving image file /tmp/hadoop-root/dfs/name/current/
fsimage.ckpt_0000000000000000000 using no compression
22/03/27 06:31:47 INFO namenode.FSImageFormatProtobuf: Image file /tmp/hadoop-root/dfs/name/current/fsimage
.ckpt_0000000000000000000 of size 351 bytes saved in 0 seconds.
22/03/27 06:31:47 INFO namenode.NNStorageRetentionManager: Going to retain 1 images with txid >= 0
22/03/27 06:31:47 INFO util.ExitUtil: Exiting with status 0
22/03/27 06:31:47 INFO namenode.NameNode: SHUTDOWN_MSG:
/************************************************************
SHUTDOWN_MSG: Shutting down NameNode at localhost/127.0.0.1
************************************************************/
```

图 1-11　格式化效果

```
[root@localhost hadoop]# start-all.sh
This script is Deprecated. Instead use start-dfs.sh and start-yarn.sh
22/03/27 06:42:29 WARN fs.FileSystem: "master:9000" is a deprecated filesystem name. Use "hdfs://master:900
0/" instead.
Starting namenodes on [master]
master: starting namenode, logging to /usr/local/src/hadoop/logs/hadoop-root-namenode-localhost.localdomain
.out
localhost: starting datanode, logging to /usr/local/src/hadoop/logs/hadoop-root-datanode-localhost.localdom
ain.out
Starting secondary namenodes [0.0.0.0]
0.0.0.0: starting secondarynamenode, logging to /usr/local/src/hadoop/logs/hadoop-root-secondarynamenode-lo
calhost.localdomain.out
starting yarn daemons
starting resourcemanager, logging to /usr/local/src/hadoop/logs/yarn-root-resourcemanager-localhost.localdo
main.out
localhost: starting nodemanager, logging to /usr/local/src/hadoop/logs/yarn-root-nodemanager-localhost.loca
ldomain.out
```

图 1-12　免密登录成功效果

```
[root@localhost hadoop]# jps
11777 ResourceManager
11347 NameNode
12164 Jps
11911 NodeManager
11627 SecondaryNameNode
11469 DataNode
```

图 1-13　查看进程

④通过上图可以看出,Hadoop 伪分布式集群的进程都已经启动,想要关闭 Hadoop 伪分布式集群,可以使用"stop-all. sh"脚本。

4. 测试

①启动 YARN Web 界面。

输入网址 http://192.168.10.10:8088,效果如图 1-14 所示。

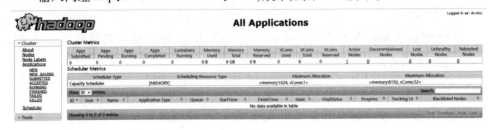

图 1-14　YARN Web 界面

②启动 HDFS Web 界面。

输入网址 http://192.168.10.10:50070,效果如图 1-15 所示。

Hadoop Overview Datanodes Datanode Volume Failures Snapshot Startup Progress Utilities

Overview 'master:9000' (active)

Started:	Sun Mar 27 06:42:30 EDT 2022
Version:	2.7.3, rbaa91f7c6bc9cb92be5982de4719c1c8af91ccff
Compiled:	2016-08-18T01:41Z by root from branch-2.7.3
Cluster ID:	CID-65db2055-dd0a-41d8-b11f-b2697912ae5c
Block Pool ID:	BP-1806968517-127.0.0.1-1648377107090

Summary

Security is off.

Safemode is off.

1 files and directories, 0 blocks = 1 total filesystem object(s).

Heap Memory used 30.71 MB of 46.38 MB Heap Memory. Max Heap Memory is 966.69 MB.

Non Heap Memory used 41.47 MB of 42.19 MB Commited Non Heap Memory. Max Non Heap Memory is -1 B.

Configured Capacity:	16.99 GB
DFS Used:	12 KB (0%)
Non DFS Used:	2.17 GB
DFS Remaining:	14.82 GB (87.23%)
Block Pool Used:	12 KB (0%)
DataNodes usages% (Min/Median/Max/stdDev):	0.00% / 0.00% / 0.00% / 0.00%
Live Nodes	1 (Decommissioned: 0)
Dead Nodes	0 (Decommissioned: 0)

图 1-15　HDFS Web 界面

5. 配置从主机

①修改准备好的另外两台主机名,分别重命名为 slave1 和 slave2,然后在 master 上生成密钥。

ssh-keygen -t rsa

②全程直接敲回车,然后分发密码到另外两台主机上。

ssh-copy-id username@ ip

③在之前 Hadoop 单机部署的基础上修改核心配置文件 core-site.xml。

vi etc/hadoop/core-site.xml

<! -- 指定 HDFS 中 NameNode 的地址 -->

<property>

<name>fs. defaultFS</name>

<value>hdfs://master:9000</value>

</property>

```
<! -- 指定 Hadoop 运行时产生文件的存储目录 -->
<property>
<name>hadoop. tmp. dir</name>
<value>/usr/local/modul/hadoop-2.7.3/data/tmp</value>
</property>
```

④修改核心配置文件 hdfs-site. xml。

```
vi etc/hadoop/hdfs-site. xml

<property>
    <name>dfs. replication</name>
    <value>3</value>
</property>

<! -- 指定 Hadoop 辅助名称节点主机配置 -->
<property>
    <name>dfs. NameNode. secondary. http-address</name>
    <value>master:50091</value>
</property>
```

⑤修改 YARN 配置文件 yarn-env. sh。

```
vi etc/hadoop/yarn-env. sh

export JAVA_HOME=/usr/local/jdk1. 8. 0_161
```

⑥修改 YARN 配置文件 yarn-site. xml。

```
vi etc/hadoop/yarn-site. xml

<! -- reducer 获取数据的方式 -->
<property>
        <name>yarn. nodemanager. aux-services</name>
        <value>mapreduce_shuffle</value>
</property>

<! -- 指定 YARN 的 ResourceManager 的地址 -->
<property>
<name>yarn. resourcemanager. hostname</name>
<value>master</value>
</property>
```

⑦修改 MapReduce 配置文件 mapred-env. sh。

vi etc/hadoop/mapred-env. sh

export JAVA_HOME=/usr/local/jdk1.8.0_161

⑧修改 MapReduce 配置文件 mapred-site. xml。

cp etc/hadoop/mapred-site. xml. template etc/hadoop/mapred-site. xml
vi etc/hadoop/mapred-site. xml

```
<! -- 指定 mr 运行在 yarn 上 -->
<property>
        <name>mapreduce. framework. name</name>
        <value>yarn</value>
</property>
```

⑨分发配置文件。

scp -r etc/ root@ slave1 :/usr/local/modul/hadoop-2. 7. 3/
scp -r etc/ root@ slave2 :/usr/local/modul/hadoop-2. 7. 3/

⑩格式化 NameNode(只需在第一次启动集群或集群核心配置文件发生改变时进行)。

hadoop NameNode -format

⑪启动 Hadoop 集群。

start-all. sh

⑫通过 Web 端查看集群。

在浏览器中输入 http://master:50091/status. html
或 http://IP:50091/status. html
以实际 IP 为主

五、Hadoop 高可用部署

Hadoop 高可用[即 Hadoop HA(High Availability)]集群的搭建依赖于 Zookeeper,所以选取三台主机当作 Zookeeper 集群,按照高可用的设计目标,需要保证至少有两个 NameNode(一主一备)和两个 ResourceManager(一主一备),同时为满足"过半写入则成功"的原则,至少需要有三个 JournalNode 节点。

1. 安装和配置 Zookeeper

①解压提前下载并放入 software 目录的 Zookeeper 压缩包。

```
tar -zxvf zookeeper-3.4.6.tar.gz -C /usr/local/modul/
```

②在 Zookeeper 的主目录下创建 data 和 logs 两个文件夹分别用于存储数据和日志。

```
cd modul/zookeeper-3.4.6/
mkdir data
mkdir logs
```

③修改 Zookeeper 的配置文件 zoo.cfg。

```
vi conf/zoo.cfg
```

写入以下内容保存
```
tickTime=2000
dataDir=/usr/local/modul/zookeeper-3.4.6/data
dataLogDir=/usr/local/modul/zookeeper-3.4.6/logs
clientPort=2181
initLimit=5
syncLimit=2
server.1=192.168.1.5:2888:3888
server.2=192.168.1.6:4888:5888
server.3=192.168.1.7:6888:7888
```

配置文件 zoo.cfg 的参数如表 1-4 所示。

表 1-4　配置文件 zoo.cfg 的参数

参数	含义
tickTime	ZK 中的一个时间单元。ZK 中全部时间都是以这个时间单元为基础,进行整数倍配置的
dataDir	存储快照文件 snapshot 的文件夹。默认情况下,事务日志也会存储在这里。建议同时配置参数 dataLogDir,事务日志的性能直接影响 ZK 性能
dataLogDir	事务日志输出文件夹。尽量给事务日志的输出配置单独的磁盘或是挂载点,这将极大地提升 ZK 性能
clientPort	客户端连接 server 的 port,即对外服务 port,一般设置为 2181
initLimit	Follower 在启动过程中,会从 Leader 同步全部最新数据,然后确定自己可以对外服务的起始状态。Leader 同意 Follower 在 initLimit 时间内完成这个工作。通常情况下,不用太在意这个参数的设置。假设 ZK 集群的数据量确实非常大,Follower 在启动的时候,从 Leader 上同步数据的时间也会对应变长,因此在这样的情况下,有必要适当调大这个参数

参数	含义
syncLimit	在执行过程中,Leader 负责与 ZK 集群中全部机器进行通信,比如通过一些心跳检测机制来检测机器的存活状态。假设 L 发出心跳包在 syncLimit 之后,还没有从 Follower 那收到响应,那么就觉得这个 Follower 已经不在线了。注意不要把这个参数设置得过大,否则可能会掩盖一些问题
server. X = A:B:C	X 是一个数字,表示这是第几号 server, A 是该 server 所在的 IP 地址, B 配置该 server 和集群中的 Leader 交换消息所使用的 port,C 配置选举 Leader 时所使用的 port,这里的 X 与 myid 文件里的 id 是一致的。右边能够配置两个 port,第一个 port 用于 Follower 和 Leader 之间的数据同步和其他通信,第二个 port 用于 Leader 选举过程中投票通信

④分发 Zookeeper。

```
scp -r zookeeper-3.4.6/ root@ slave1 :/usr/local/modul/
scp -r zookeeper-3.4.6/ root@ slave2 :/usr/local/modul/
```

⑤分别在三台主机上修改 data/myid。

```
master
echo ' 1' > data/myid
slave1
echo ' 2' > data/myid
slave2
echo ' 3' > data/myid
```

⑥启动 Zookeeper。

```
./zkServer. sh start
```

⑦为了确保 Zookeeper 真正地成功启动,需要查看 Zookeeper 的状态。

```
./zkServer. sh status
```

如果能在三台主机上成功看见一个 Leader 和两个 Follower,则 Zookeeper 启动成功。

完成 Zookeeper 的集群搭建后,Hadoop HA 的准备工作就算完成了,在之前部署好的 Hadoop 集群上进行配置文件的修改,可以将集群变为高可用集群。

2. Hadoop HA 部署

①修改 hdfs-site. xml 设置 NameNode。

```
<configuration>
    <! --完全分布式集群名称,需要和 core-site. xml 中的保持一致-->
    <property>
        <name>dfs. nameservices</name>
        <value>mycluster</value>
    </property>

    <! --集群中 NameNode 节点指定-->
    <property>
        <name>dfs. ha. NameNodes. mycluster</name>
        <value>nn1 ,nn2</value>
    </property>
    <! --nn1 的 RPC 通信地址-->
    <property>
        <name>dfs. NameNode. rpc-address. mycluster. nn1</name>
        <value>master:8020</value>
    </property>
    <! --nn2 的 RPC 通信地址-->
    <property>
        <name>dfs. NameNode. rpc-address. mycluster. nn2</name>
        <value>slave1 :8020</value>
    </property>
    <! --nn1 的 http 通信地址-->
    <property>
        <name>dfs. NameNode. http-address. mycluster. nn1</name>
        <value>master:50070</value>
    </property>
    <! --nn2 的 http 通信地址-->
    <property>
        <name>dfs. NameNode. http-address. mycluster. nn2</name>
        <value>slave1 :50070</value>
    </property>
```

    <! --指定 NameNode 元数据在 JournalNode 上的存放位置:

这是配置提供共享编辑存储的 JournalNode 地址的地方,这些地址由活动 Na-meNode 写入,由备用 NameNode 读取,以便于活动 NameNode 所做的所有文件系

统保持最新。虽然必须指定几个 JournalNode 地址,但是应该只配置其中一个 URI。URI 的形式应该是:qjournal://∗host1:port1∗;∗host2:port2∗;∗host3:port3∗/∗journalId∗。日志 ID 是这个名称服务的唯一标识符,它允许一组日志节点为多个联合名称系统提供存储-->

```
<property>
  <name>dfs. NameNode. shared. edits. dir</name>
  <value>qjournal://master:8485;slave1:8485;slave2:8485/mycluster</value>
</property>
```

<!--访问代理类:client,mycluster,active 配置失败自动切换实现方式-->
```
<property>
  <name>dfs. client. failover. proxy. provider. mycluster</name>
  <value>org. apache. hadoop. hdfs. server. NameNode. ha. ConfiguredFailoverProxyProvider</value>
</property>
```

<!--配置隔离机制,即同一时刻只能有一台服务器对外响应(隔离方法:确保当前时间点只有一个 NameNode 处于 active 状态,Journalnode 只允许 1 个 NameNode 来读写数据,但是也会出现意外的情况,因此需要控制对方的机器,进行自我提升[active],将对方降级[standby])-->
```
<property>
  <name>dfs. ha. fencing. methods</name>
  <value>sshfence</value>
</property>
```
<!-- 使用隔离机制时需要 ssh 无密钥登录-->
```
<property>
  <name>dfs. ha. fencing. ssh. private-key-files</name>
  <value>/root/. ssh/id_rsa</value>
</property>
```

<!--journalnode 日志存放路径-->
```
<property>
  <name>dfs. journalnode. edits. dir</name>
  <value>/usr/local/hadoop/journalnode/data</value>
</property>
```

```
    <! -- 关闭权限检查 -->
    <property>
      <name>dfs. permissions. enable</name>
      <value>false</value>
    </property>
  </configuration>
<! --删除 secondaryNameNode 的配置-->
```

　　Active NameNode 和 Standby NameNode 的数据实时同步,Standby NameNode 可以随时切换成 Active NameNode。而且还有一个原来 Master.0 的 SecondaryNameNode,会合并 edits 文件和 fsimage 文件,使 fsimage 文件一直保持更新。所以启动了 slave1.0 的 HA 机制之后,SecondaryNameNode 就不再需要了。

　　②修改 core-site. xml 配置文件。

```
  <configuration>
      <! --指定对外暴露的服务集群地址,不再需要指定 master 主机名,而是指
      定 mycluster,对应两个主机,就像一个域名对应两个 IP 地址-->
      <property>
        <name>fs. defaultFS</name>
        <value>hdfs://mycluster</value>
      </property>
       <! --声明 JournalNode 服务本地文件系统存储目录-->
      <property>
        <name>dfs. journalnode. edits. dir</name>
      <value>/usr/local/hadoop/data/jn</value>
      </property>

    <! --临时数据目录,用来存放数据,格式化时会自动生成-->
    <property>
      <name>hadoop. tmp. dir</name>
      <value>/usr/local/hadoop/tmpData</value>
    </property>
  </configuration>
```

　　③文件分发至其余主机。

```
scp core-site. xml hdfs-site. xml root@ slave1: /usr/local/modul/hadoop/etc/ha-
doop/
```

```
scp core-site. xml hdfs-site. xml root@ slave2: /usr/local/modul/hadoop/etc/ha-
doop/
```

④启动 Hadoop HA。

```
# 停止所有服务节点
stop-all. sh
# 删除三个节点上的 data , logs, tmpData 文件夹
rm -rf data/ logs/ tmpData/
# 先启动三个节点的 journalnode
hadoop-daemon. sh start journalnode
# 在[nn1]上,格式化 HDFS,并启动 NameNode
hdfs NameNode -format
hadoop-daemon. sh start NameNode
# 在[nn2]上,同步 nn1 的元数据信息,并启动 NameNode
hdfs NameNode -bootstrapStandby
hadoop-daemon. sh start NameNode
```

这时,启动的两个 NameNode 状态都是 Standby。通过浏览器输入 master:
50070 和 slave1:50070 查看两个节点上的 NameNode 的运行状态。需要注意的是
启动顺序需要按照上面的步骤,否则启动过程会出现文件冲突的错误。

⑤停止所有服务,进行自动主备切换(Automatic Failover)配置。

```
stop-all. sh
```

在 hdfs-site. xml 中添加如下配置:

```
<! --是否开启自动故障转移-->
<property>
    <name>dfs. ha. automatic-failover. enabled</name>
    <value>true</value>
</property>
```

在 core-site. xml 中添加如下配置:

```
<! --zookeeper 集群配置-->
    <property>
<name>ha. zookeeper. quorum</name>
    <value>master:2181,slave1:2181,slave2:2181</value>
    </property>
```

⑥文件分发至其余主机。

```
scp core-site.xml hdfs-site.xml root@slave1：/usr/local/modul/hadoop/etc/ha-
doop/
scp core-site.xml hdfs-site.xml root@slave2：/usr/local/modul/hadoop/etc/ha-
doop/
```

⑦安装 psmisc 工具,用于结束访问原 active 状态节点的 zkfc 进程,使 zkfc 自动切换到 standby 状态的节点上激活。

```
yum install -y psmisc
```

⑧在 ZooKeeper 中初始化 HA 状态,先关闭所有的 NameNode 和 DataNode。

```
# 先启动三个节点上的 Zookeeper
zkServer.sh start
# 主节点上,在 ZooKeeper 中初始化所需的状态。可以通过一个 NameNode 主机
运行以下命令来执行此操作。
hdfs zkfc -formatZK
# 重新复制一个会话验证是否成功
zkCli.sh
```

⑨启动 Hadoop HA 服务。

```
#在 master 节点上启动 hdfs
start-dfs.sh
#查看 master 节点运行的进程
jps
```

⑩通过浏览器输入 master:50070 和 slave1:50070 查看两个节点上的 NameNode 的运行状态。两个节点中一个是 active 状态,另一个是 standby 状态。

⑪主动制造故障,查看是否自动转移激活。

```
# 杀死 NameNode 进程
kill -9 5909
# 重新启动 NameNode ,因为 zookeeper 选举需要三个以上节点
hadoop-daemon.sh start NameNode
```

3. YARN HA 部署

①先在 yarn-site.xml 中添加相应配置。

```xml
<property>
  <name>yarn. resourcemanager. ha. enabled</name>
  <value>true</value>
</property>
<property>
  <name>yarn. resourcemanager. cluster-id</name>
  <value>cluster1</value>
</property>
<property>
  <name>yarn. resourcemanager. ha. rm-ids</name>
  <value>rm1 , rm2</value>
</property>
<property>
    <name>yarn. resourcemanager. hostname. rm1</name>
  <value>master</value>
</property>
<property>
  <name>yarn. resourcemanager. hostname. rm2</name>
  <value>slave1</value>
</property>
<property>
  <name>yarn. resourcemanager. webapp. address. rm1</name>
  <value>master:8088</value>
</property>
<property>
  <name>yarn. resourcemanager. webapp. address. rm2</name>
  <value>slave1:8088</value>
</property>
<property>
  <name>yarn. resourcemanager. zk-address</name>
  <value>master:2181 , slave1:2181 , slave2:2181</value></property>

<! --启用 RM 自动恢复-->
<property>
  <name>yarn. resourcemanager. recovery. enabled</name>
```

```
    <value>true</value>
</property>
<!--配置状态存储以保留 RM 状态-->
<property>
    <name>yarn. resourcemanager. store. class</name>
    <value>org. apache. hadoop. yarn. server. resourcemanager. recovery. ZKRMStateStore
</value>
</property>
```

②文件分发至其余主机。

```
scp yarn-site. xml root@ slave1:/usr/local/modul/hadoop/etc/hadoop/
scp yarn-site. xml root@ slave2:/usr/local/modul/hadoop/etc/hadoop/
```

③启动 YARN 服务。

```
# 全部启动,只会启动当前节点的 resourcemanager
start-yarn. sh
# 单独启动 Slave1 的 resourcemanager
yarn-daemon. sh start resourcemanager
```

④通过 Web 浏览器输入 master:8088,查看 YARN 的运行状态。注意:这里不管输入的是 master 还是 slave1,它都会自动调整到 active ResourceManager 节点上,而且只会有一个。

📋 任务检测

老王为了考查小王对 Hadoop 环境搭建的掌握情况,让小王完成以下练习:

1. 简述 Hadoop 的特征。

2. 简述 Hadoop 生态系统及每个部分的具体功能。

3. 配置 Hadoop 时,Java 的路径 JAVA_HOME 是在哪个配置文件中设置的?

4. 配置 Hadoop 时,Hadoop 的路径 HADOOP_HOME 是在哪个配置文件中设置的?

5. 配置 Hadoop 伪分布式系统,需要修改哪些配置文件?

6. Hadoop 伪分布式运行启动后所具有的进程有哪些?

📋 项目小结

本项目从理论方面介绍了 Hadoop 的概念、Hadoop 的特点,了解了 Hadoop 的主要思想,也简单了解了 Hadoop 框架中的其他组件和应用场景。同时也对虚拟机的安装配置、JDK 的安装以及 Hadoop 完全分布式集群的搭建进行了较为详细的讲解。在介绍虚拟机的安装配置过程中重点介绍了静态 IP 设置、主机名及域名映射,还介绍了如何在 Linux 下安装 JDK。关于 Hadoop 伪分布式集群,详细讲解了如何修改 core-site. xml 、hadoop-env. sh、mapred-site. xml、hdfs-site. xml 这 4 个文件,以及 SSH 无密码登录、启动/关闭集群、验证伪分布式集群等操作。

项目实训

一、实训目的

小王通过实训能熟练掌握 Linux 基本命令;掌握静态 IP 地址的配置、主机名和域名映射的修改;掌握 Linux 环境下 Java 的安装、环境变量的配置、Java 基本命令的使用;理解为何需要配置 SSH 免密登录;掌握 Linux 环境下 SSH 的安装、免密登录的配置;熟练掌握在 Linux 环境下如何部署全分布模式 Hadoop 集群。

二、实训内容

1. 规划部署。

2. 准备机器。

3. 准备软件环境:

①配置静态 IP。

②修改主机名。

③编辑域名映射。

④安装和配置 Java。

⑤安装和配置 SSH 免密登录。

4. 获取和安装 Hadoop。

5. 配置全分布模式 Hadoop 集群。

6. 关闭防火墙。

7. 格式化文件系统。

8. 启动和验证 Hadoop。

9. 关闭 Hadoop。

项目二

大数据存储技术(HDFS)

大数据时代如何解决海量数据高效存储的问题一直是人们津津乐道的话题。HDSF 是 Hadoop Distribute File System 的简称,也就是 Hadoop 的一个分布式文件系统。GFS(Google File System)是一个可扩展的分布式文件系统,是用于分布式的、对大量数据进行访问的应用,较好地满足了大规模数据的存储需求。HDFS 就是 GFS 思想的开源实现,HDFS 有很好的容错能力,兼顾了廉价的硬件设备,可以以较低成本实现大流量和大数据量的读写。

本项目通过大数据存储技术 HDFS 的学习,对比 HDFS 和传统集中式物理服务器存储的差别,培养学生攻坚克难的勇气,积极发扬开拓进取的精神。通过 HDFS 高可用机制的学习,培养学生的前瞻性思维和探索精神,打造可持续发展的能力。通过 HDFS 数据存储和数据读写的学习,引导学生建立数据安全意识,树立保护数据隐私的良好职业道德观。

学习目标

- 掌握 HDFS 体系架构以及相关概念
- 掌握 HDFS 的数据读写过程
- 掌握 HDFS 命令行操作
- 了解 HDFS 的高可用机制
- 了解 HDFS 的目录结构

学习情境

公司有一个项目每天要产生海量的数据,如何有效存储这些海量的数据呢?集中式的物理服务器在数据存储容量、传输速度、数据计算等方面会有一些限制,用来存储海量数据是不现实的。小王带着这个疑惑请教了老张,了解到要实现大数据的存储,需要使用几十台、几百台甚至更多的分布式服务器节点。为了统一管理这些节点上存储的数据,必须要使用一种特殊的文件系统——分布式文件系统。为了提供可扩展的大数据存储能力,Hadoop 提供了一个分布式文件系统 HDFS。小王决定从相关概念、体系架构与原理开始学习 HDFS 知识。

学习地图

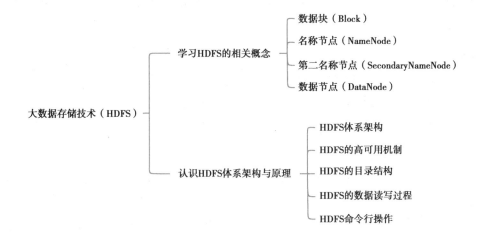

【任务一】学习 HDFS 的相关概念

任务描述

分布式存储比常规的存储方式节省时间。例如,现有 5 台计算机,每台计算机上有 1TB 的硬盘,如果将 Hadoop 安装在这 5 台计算机上,就可以使用 HDFS 进行分布式的文件存储,相当于登录到一台具有 5TB 存储容量的大型机器。用 HDFS 分布式文件存储方式在 5 台计算机上存储,显然比用常规方式在 1 台计算机上存储更节省时间。

HDFS 支持海量数据的存储,成百上千的计算机组成存储集群,HDFS 可以部署在低成本的硬件上,具有高容错、高可靠性、高可扩展性、高吞吐率等特征,非常适用于具有大型数据集的应用程序。HDFS 本身为存储大数据而设计,无法高效存储大量小文件,且不适合低延迟数据访问。

📖 知识学习

一、数据块(Block)

HDFS 上的文件以块(Block)方式存储,写入时自动拆分成块,每个块默认有 3 个副本,以提高可靠度和读取吞吐量,每个副本分到不同的 DataNode 上,某个块的所有备份都是同一个 ID。因为 HDFS 的容错机制,副本丢失或宕机时能够自动恢复。HDFS 中块的副本数可以通过 hdfs-site. xml 文件中的 dfs. replication 属性修改,如下:

```
<property>
    <name>dfs. replication</name>
      <value>3</value>
</property>
```

副本摆放策略:

①第一个副本,如果数据在远程客户端上,那么选择距离最近的节点上传;如果数据已经在集群的某一台服务器节点上了,那么就上传到这台节点上。

②第二个副本,相对于第一块副本所在节点而言,从安全性考虑,选择不同机架上的任意一个节点上传。

③第三个副本,相对于第二块副本所在节点而言,从效率性考虑,选择相同机架上的任意一个节点上传。

④如果还有更多的副本则随机放在节点中。

一个文件可以大于网络中任意一个磁盘的容量,充分利用集群中所有的磁盘块方便备份、容错和 MapReduce 操作数据,默认是按块来分配 Map 任务的。磁盘都是分块的,每个块大小一般来讲都是 512 字节,Hadoop1. x 版本里是 64MB,Hadoop2. x 版本里是 128MB,Block 的大小是可以修改的,不推荐修改这个值,除非非常清楚通过修改这个值可以提高效率。

二、名称节点(NameNode)

名称节点(NameNode)负责管理分布式文件系统的命名空间(NameSpace),保存了两个核心的数据结构,即命名空间镜像文件 FsImage 和操作日志文件 EditLog。FsImage 用于维护文件系统树以及文件树中所有的文件和文件夹的元数据,操作日志文件 EditLog 中记录了所有针对文件的创建、删除、重命名等操作。同时 NameNode 也记录着每个文件中各个块所在的数据节点信息,但它并不永久保存块的位置信息,因为这些信息在系统启动时由数据节点重建。

三、第二名称节点(SecondaryNameNode)

第二名称节点(SecondaryNameNode)是 HDFS 架构中的一个组成部分,它的职责是合并名称节点(NameNode)的 EditLogs 到 FsImage 文件中,保存 NameNode(名称节点)中对 HDFS 元数据信息的备份,并减少名称节点重启的时间。SecondaryNameNode 一般是单独运行在一台机器上。

四、数据节点(DataNode)

数据节点(DataNode)是分布式文件系统 HDFS 的工作节点,负责数据的存储和读取,会根据客户端或者是 NameNode 的调度来进行数据的存储和检索,并且向 NameNode 定期发送自己所存储的块的列表。NameNode 依赖来自每个 DataNode 的定期心跳(Heartbeat)消息。每条消息都包含一个块报告,NameNode 可以根据这个报告验证块映射和其他文件系统元数据。如果 DataNode 不发送心跳消息,NameNode 将采取修复措施,重新复制该节点上丢失的块。

任务检测

老张为了考查小王对学习的 HDFS 相关知识是否掌握牢固,让小王完成以下练习:

1. 在 HDFS 集群中,节点主要包括_____、DataNode、SecondaryNameNode。

2. 在 HDFS 中,Block 默认保存(　　)份。

   A. 1　　　　　　　　　　　　B. 2

   C. 3　　　　　　　　　　　　D. 不确定

3. 简述 HDFS 分布式存储的优点。

4. 简述 NameNode 和 SecondaryNameNode 的区别与联系。

【任务二】认识 HDFS 体系架构与原理

任务描述

HDFS 具体是怎么来实现大数据存储的呢? 这就需要掌握它的体系架构与原理,老张从 HDFS 的体系架构、高可用机制、目录结构、数据读写过程、命令行操作等方面为小王进行讲解。

知识学习

一、HDFS 体系架构

对于 HDFS 架构来说,一个 HDFS 基本集群的节点主要包括 NameNode、DataNode、SecondaryNameNode。

HDFS 采用主从(Master/Slave)结构模型,如图 2-1 所示。

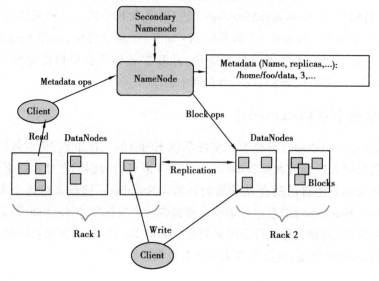

图 2-1　HDFS 架构图

1. Client(客户端)

①文件切分:文件上传 HDFS 的时候,Client 将文件切分成一个一个的 Block 进行存储。

②与 NameNode 交互,获取文件的位置信息。

③与 DataNode 交互,读取或者写入数据。

④提供一些命令来管理和访问 HDFS,比如启动或者关闭 HDFS。

2. NameNode(名称节点)

NameNode 是集群的主 server,它是一个管理者,其作用如下:

①管理 HDFS 的命名空间。

②管理数据块(Block)映射信息。

③配置副本策略。

④处理客户端读写请求。

3. DataNode(数据节点)

在 HDFS 集群中担任详细执行任务的角色,就是 Slave。NameNode 下达命令,DataNode 执行实际的操作。

①存储实际的数据块。

②执行数据块的读/写操作。

4. SecondaryNameNode(第二名称节点)

SecondaryNameNode 主要辅助 NameNode,分担其工作量:

①定期合并 FsImage 和 FsEdits,推送给 NameNode。

②在紧急情况下,可辅助恢复 NameNode。

二、HDFS 的高可用机制

在 Hadoop 2.0 之前,NameNode 是 HDFS 集群中的单点故障(SPOF)。每个集群都有一个 NameNode,如果该机器或进程不可用,则整个集群将不可用,直到 NameNode 重新启动或在单独的机器上启动。这在两个方面影响了 HDFS 集群的总可用性:

①在发生意外事件(例如机器崩溃)的情况下,集群将不可用,直到操作员重新启动 NameNode。

②NameNode 机器上的软件或硬件升级等计划内维护事件将导致集群停机。

Hadoop 2.0 开始推出了 HA 机制,即高可用(7×24 小时不中断服务)机制,消除 NameNode 的单点故障。在 HA HDFS 集群中,两台或多台独立的机器被配置为 NameNode,在任何时间点,只有一个 NameNode 处于 Active 状态,而其它 NameNode 处于 Standby 状态。其中,Active NameNode 负责集群中的所有客户端操作,而 Standby NameNode 只是充当工作人员,维护足够的状态以在必要时提供快速故障转移,而不影响整个 HDFS 集群服务。

为了让 Standby 节点保持与 Active 节点的状态同步,两个节点都与一组名为 JournalNodes(JNS)的独立守护进程通信。当 Active NameNode 执行任何命名空间修改时,它会将修改记录持久地记录到这些 JNS 的多数节点中。Standby NameNode 能够从 JNS 中读取编辑,并不断地观察它们以了解对 EditLog 编辑日志的更改。当 Standby NameNode 看到编辑时,它将它们应用到自己的命名空间。在发生故障转移的情况下,备用节点将确保它已从 JournalNodes 读取所有编辑,然后再将其提升为 Active 状态,这可确保在发生故障转移之前完全同步命名空间状态。为了提供快速故障转移,Standby NameNode 还必须具有有关集群中块位置的最新信息。为了实现这一点,DataNode 配置了所有 NameNode 的位置,并向所有 NameNode 发送块位置信息和心跳。

在 HA 集群中有一个非常重要的问题,就是需要保证同一时刻只有一个处于 Active 状态的 NameNode,否则会出现两个及多个 NameNode 同时修改命名空间的问题,也就是脑裂(Split-brain)。脑裂的 HDFS 集群很可能造成数据块的丢失,以及向 DataNode 下发错误的指令等异常情况。

为了预防脑裂的情况,HDFS 提供了三个级别的隔离机制(Fencing):

①共享存储隔离:同一时间只允许一个 NameNode 向 JournalNodes 写入 EditLog 数据。

②客户端隔离:同一时间只允许一个 NameNode 响应客户端的请求。

③DataNode 隔离:同一时间只允许一个 NameNode 向 DataNode 下发名字节点指令,例如删除、复制数据块指令等。

三、HDFS 的目录结构

1. NameNode 的目录结构

在 HDFS NameNode 文件夹中,有以下树结构的目录:

```
├──── current
│   ├──── edits_ *
│   ├──── fsimage_ *
│   ├──── fsimage_ * . md5
│   ├──── seen_txid
│   └──── VERSION
└──── in_use. lock
```

除了 VERSION 版本文件以外,还有以下几类文件:

①edits_ * :编辑日志,存放客户端执行的所有更新命名空间的操作。

②fsimage_ * :镜像文件,是 HDSF 元数据的持久检查点,其中包含文件系统中的所有目录和文件 inode 的序列化信息。

③fsimage_ * . md5:md5 校验文件,用于确保 FsImage 文件的正确性,可以作用于磁盘异常导致文件损坏的情况。

④seen_txid:存放事务的文件。

⑤in_use. lock:防止多个 NameNode 线程启动导致目录数据不一致。

· 2. DataNode 的目录结构

在 HDFS DataNode 文件夹中,展开 5 层有以下树结构的目录:

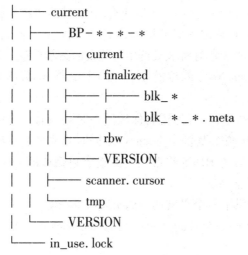

```
├──── current
│   ├──── BP- * - * - *
│   │   ├──── current
│   │   │   ├──── finalized
│   │   │   ├──── ├──── blk_ *
│   │   │   ├──── ├──── blk_ * _ * . meta
│   │   │   ├──── rbw
│   │   │   └──── VERSION
│   │   ├──── scanner. cursor
│   │   └──── tmp
│   └──── VERSION
└──── in_use. lock
```

除了 VERSION 版本文件以外,还有以下文件:

①BP- * - * - * :BP 代表块池(BlockPool),NameNode 的 VERSION 中的集群唯一 blockpoolID。接下来的第 2 个 * 代表当前块池对应的 NameNode 的 IP 地址。

最后一个＊代表这个块池的创建时间戳。

②finalized、rbw、temp：用于实际存储 HDFS Block 的数据，里面包含许多 block_xx 文件以及相应的.meta 文件。finalized 目录保存所有 FINALIZED 状态的副本，rbw 目录保存 RBW、RWR、RUR 状态的副本，tmp 目录保存 TEMPORARY 状态的副本。

③blk_＊：blk_＊：数据块文件，＊代表数据块 ID。

④blk_＊_＊.meta：数据块校验文件，第一个＊代表数据块 ID，第二个＊代表数据块版本号。

⑤scanner.cursor：记录访问文件的游标。

⑥in_use.lock：防止多个 DataNode 线程启动导致目录数据不一致。

3. HDFS 的 Web 界面

HDFS 提供了 Web 管理界面，可以很方便地查看 HDFS 相关信息。使用 start-dfs.sh 命令启动 HDFS 服务后，在浏览器中，输入网址 http://NameNode-name:50070/ 登录 HDFS 的 Web 界面，它列出了集群中的数据节点和集群的基本统计数据，如图 2-2 所示。

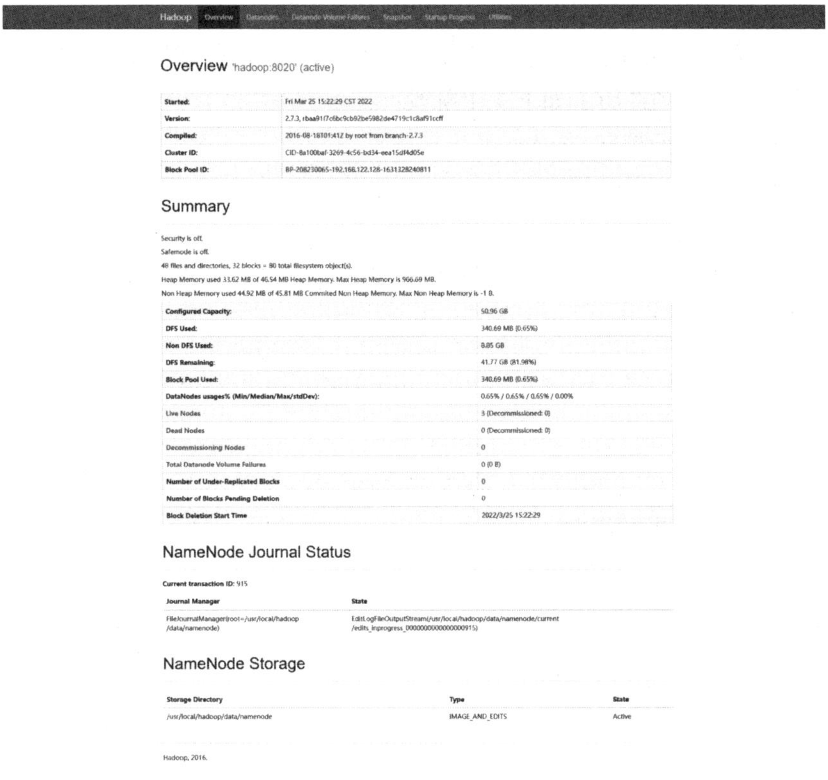

图 2-2　通过 Web 查看 50070 端口界面

菜单栏翻译如图 2-3 所示。

| Hadoop | 概述 | 数据节点 | Datanode 卷故障 | 快照 | 启动进度 | 实用程序 |

图 2-3　50070 端口界面 Web 界面菜单栏翻译

单击菜单【Datanodes】,可以查看 HDFS 的节点信息,如图 2-4 所示。

图 2-4　DataNode 相关信息

单击菜单【Startup Progress】可以查看 HDFS 启动过程,如图 2-5、图 2-6 所示。可以看到 HDFS 启动经历了如下 4 个阶段:

①加载文件的元信息 fsimage。

②加载操作日志文件 edits。

③操作检查点。

④自动进入安全模式,检查数据块的副本率是否满足要求。当满足要求后,退出安全模式。

Startup Progress

Elapsed Time: 34 sec, Percent Complete: 100%

Phase	Completion	Elapsed Time
Loading fsimage /usr/local/hadoop/data/namenode/current/fsimage_0000000000000000649 3.37 KB	**100%**	**0 sec**
inodes (0/0) 　第一个阶段	100%	
delegation tokens (0/0)	100%	
cache pools (0/0)	100%	
Loading edits	**100%**	**0 sec**
/usr/local/hadoop/data/namenode/current/edits_0000000000000000650-0000000000000000651 42 B (2/2)	100%	
/usr/local/hadoop/data/nam　第二个阶段　00000000000000652-0000000000000000653 42 B (2/2)	100%	
/usr/local/hadoop/data/namenode/current/edits_0000000000000000654-0000000000000000655 42 B (2/2)	100%	
/usr/local/hadoop/data/namenode/current/edits_0000000000000000656-0000000000000000659 290 B (4/4)	100%	
/usr/local/hadoop/data/namenode/current/edits_0000000000000000660-0000000000000000661 42 B (2/2)	100%	

图 2-5　HDFS 启动过程图 1

Saving checkpoint		100%	0 sec
inodes /usr/local/[...]de/current/fsimage.ckpt_000000000000000876 (0/0)		100%	
delegation tokens [...]a/namenode/current/fsimage.ckpt_000000000000000876 (0/0)		100%	
cache pools /usr/local/hadoop/data/namenode/current/fsimage.ckpt_000000000000000876 (0/0)		100%	
Safe mode		100%	31 sec
awaiting reported blocks (52/52)		100%	

第三个阶段

第四个阶段

图 2-6　HDFS 启动过程图 2

单击菜单【Utilities】中的【Browse the file system】可以查看 HDFS 中的数据,如图 2-7 所示。单击对应的文件可以看到文件的详细信息。

Hadoop　Overview　Datanodes　Snapshot　Startup Progress　Utilities

Browse Directory

/								Go!

Permission	Owner	Group	Size	Last Modified	Replication	Block Size	Name
drwxr-xr-x	root	supergroup	0 B	2021/9/11 11:36:37	0	0 B	flume
drwx-wx-wx	root	supergroup	0 B	2021/9/11 14:01:05	0	0 B	tmp
drwxr-xr-x	root	supergroup	0 B	2021/9/11 14:19:40	0	0 B	user

Hadoop, 2016.

图 2-7　HDFS 中的数据

在浏览器中,输入网址 http://IP 地址:50090,可以查看 SecondaryNameNode 信息,如图 2-8 所示。

Hadoop　Overview

Overview

Version	2.7.3
Compiled	2016-08-18T01:41Z by root from branch-2.7.3
NameNode Address	hadoop:8020
Started	2022/3/25 15:22:22
Last Checkpoint	Never
Checkpoint Period	3600 seconds
Checkpoint Transactions	1000000

Checkpoint Image URI

- file:///usr/local/src/hadoop/tmp/dfs/namesecondary

Checkpoint Editlog URI

- file:///usr/local/src/hadoop/tmp/dfs/namesecondary

图 2-8　Web 查看 50090 端口界面

四、HDFS 的数据读写过程

1. 读数据的过程

HDFS Client（客户端）读取数据的流程如图 2-9 所示，具体步骤如下：

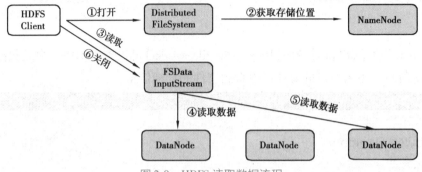

图 2-9　HDFS 读取数据流程

①客户端通过调用 DistributedFileSystem 对象的 open 方法，获取需要读取的数据文件。

②DistributedFileSystem 通过 RPC（远程过程调用）来调用 NameNode 获取元数据信息，如获取要读取的数据文件对应的数据块的位置，具体存储在哪些 DataNode 之上。

③经过前两步，会返回一个 FSDataInputStream 对象，FSDataInputStream 可以方便管理 DataNode 和 NameNode 数据流。

④客户端先到第一个数据块的 DataNode 上调用 FSDataInputStream 对象的 read 方法，将数据从 DataNode 传递到客户端。

⑤当第一个数据块读取完毕时，FSDataInputStream 关闭和此 DataNote 的连接，然后连接下一个最近数据块的 DataNote。

⑥一旦客户端完成读取操作后，就对 FSDataInputStream 调用 close 方法来完成资源的关闭操作。

2. 写数据的过程

HDFS Client（客户端）写数据的流程如图 2-10 所示，包括以下步骤：

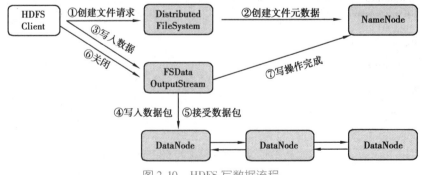

图 2-10　HDFS 写数据流程

①客户端通过调用 DistributedFileSystem 对象的 create 方法,创建一个文件。

②DistributedFileSystem 会对 NameNode 发起 RPC(远程过程调用)请求,在文件系统的名称空间创建一个没有数据块关联的新的文件,此时 NameNode 会做各种校验,比如文件是否存在,客户端有无权限去创建等。如果校验通过,NameNode 就会为该文件创建一条元数据记录,否则就会抛出 IO 异常。

③客户端调用 FSDataOutputStream 的 write 方法将数据分成块,写入 data queue 中。假如副本系数为 3,那么将 data queue 数据写到 3 个副本对应存储的 DataNode 上。

④FSDataOutputStream 内部维护着一个确认队列,当接收到所有 DataNode 确认写完的消息后,数据才会从确认队列中删除。

⑤当客户端完成数据的写入后,调用 close 方法来完成资源的关闭操作。

五、HDFS 命令行操作

HDFS 为使用者提供基于 shell 操作命令来管理 HDFS 上的数据的功能,其命令和 Linux 的命令十分类似。所有命令行均由 bin/hadoop 脚本引发,不指定参数运行 Hadoop 脚本将显示所有命令的描述。

要完全了解 Hadoop 命令,可输入"hadoop fs -help"查看所有命令的帮助文件。

HDFS 命令的格式如下:

hadoop fs -命令

常用的 HDFS 命令,如表 2-1 所示。

表 2-1　常用的 HDFS 命令

文件	用途
hadoop fs -mkdir	创建 HDFS 目录
hadoop fs -ls	列出 HDFS 目录
hadoop fs -cat	列出 HDFS 目录下的文件内容
hadoop fs -put	从本地文件系统中复制单个或多个源路径到 HDFS
hadoop fs -get	将 HDFS 上复制文件到本地文件系统
hadoop fs -cp	复制 HDFS 文件
hadoop fs -rm [-r/R]	删除指定的文件

注意: 在使用 HDFS 命令之前,必须先执行命令 start-dfs. sh 启动 hdfs 服务。

1. 创建 HDFS 目录

hadoop fs -mkdir　<paths>

例如：

```
#创建目录 dir
hadoop fs -mkdir dir
```

如果想级联创建一个文件夹，需要在-mkdir 命令后指定-p 参数。例如：

```
#创建目录 input/data/test
hadoop fs -mkdir -p input/data/test
```

接受路径指定的 uri 作为参数，创建这些目录。

URI 格式是 scheme://authority/path。

①scheme：协议名。对于 HDFS 文件系统，scheme 是 hdfs；对于本地文件系统，scheme 是 file。

②authority：NameNode 主机名。

③path：路径。

例如：

```
#在 192.168.122.128 的文件系统中创建目录 dir1
hadoop fs -mkdir hdfs://192.168.122.128/dir1


#在 192.168.122.128:8020 的 HDFS 中创建目录 dir2
hadoop fs -mkdir hdfs://192.168.122.128:8020/dir2
```

2.列出 HDFS 目录

```
hadoop fs -ls <args>
```

①如果是文件，则按照如下格式返回文件信息：文件名 <副本数> 文件大小 修改日期 修改时间 权限 用户 ID 组 ID。

例如：

```
#查看 data.txt 的文件信息
hadoop fs -ls /data.txt
```

②如果是目录，则返回它直接子文件的一个列表，就像在 Unix 中一样。目录返回列表的信息如下：目录名 <dir> 修改日期 权限 用户 ID 组 ID。

例如：

```
#查看/user/hadoop/file1 的目录
hadoop fs -ls /user/hadoop/file1
#查看根目录
hadoop fs -ls /
```

#查看所有子目录。参数-R可用于查看所有 HDFS 子目录,R 代表 recursive(递归)
hadoop fs -ls -R /

3. 列出 HDFS 目录下的文件内容

hadoop fs -cat 文件

例如:

#查看 HDFS 中的 data.txt
hadoop fs -cat /data.txt

4. 从本地文件系统中复制单个或多个源路径到 HDFS

hadoop fs -put <localsrc> ... <dst>

例如:

#复制 data 到 HDFS 的 dir 文件夹中
hadoop fs -put data /dir
#复制多个文件 data1 data2 到 HDFS 的 dir1 文件夹中
hadoop fs -put data1 data2 /dir1
#复制多个文件 data3 到 192.168.122.128:8020HDFS 的 dir2 文件夹中
hadoop fs -put data3 hdfs://192.168.122.128:8020/dir2

5. 在 HDFS 上复制文件到本地文件系统

复制文件到本地文件系统。可用-ignorecrc 选项复制 CRC 校验失败的文件,使用-crc 选项复制文件以及 CRC 信息。

hadoop fs -get [-ignorecrc] [-crc] <src> <localdst>

例如:

#复制 HDFS 上的 dir 文件到本地文件系统的 localfile 文件中
hadoop fs -get /dir   localfile
#复制 192.168.122.128:8020 的 HDFS 上的 dir1 文件到本地文件系统的 localfile 文件中
hadoop fs -get hdfs://192.168.122.128:8020/dir1 localfile

6. 复制 HDFS 文件

将文件从源路径复制到目标路径。这个命令允许有多个源路径,此时目标路径必须是一个目录。

```
hadoop fs -cp URI [URI …] <dest>
```

例如：

```
#复制 HDFS 上的 dir 文件到 HDFS 的 dir3 中
hadoop fs -cp  /dir  /dir3
```

7. 删除指定的文件

```
hadoop fs -rm [-r/R] URI [URI …]
```

-r/R：级联删除目录下所有的文件和子目录文件。

例如：

```
#删除 HDFS 的 dir 文件中的 data.txt
hadoop fs -rm /dir/data.txt
#删除 HDFS 的目录 dir1
hadoop fs -rm -r /dir1
```

8. 创建一个 0 字节的空文件

```
hadoop fs -touchz URI [URI …]
```

例如：

```
#在 HDFS 中创建一个大小位 0 字节的空文件 data1.txt
hadoop fs -touchz /data1.txt
```

9. 其他 HDFS 命令（表 2-2）

表 2-2 其他的 HDFS 命令

文件	用途
hadoop fs -mv	将文件从源路径移动到目标路径
hadoop fs -tail	查看文件尾部
hadoop fs -du	显示文件总长度
hadoop fs -count	统计文件数和大小
hadoop fs -df	统计文件系统空间的详细信息
hadoop fs -getmerge	从 HDFS 拷贝多个文件、合并排序为一个文件到本地文件系统

文件	用途
hadoop fs -chmod [-R]	改变文件的权限。使用-R 将使改变在目录结构下递归进行。命令的使用者必须是文件的所有者或者超级用户
hadoop fs -chown [-R]	改变文件的拥有者。使用-R 将使改变在目录结构下递归进行。命令的使用者必须是超级用户
hadoop fs -expunge	清空回收站
hadoop fs -setrep	改变一个文件的副本系数

任务检测

老张为了考查小王对 HDFS 体系架构与原理任务的知识是否掌握牢固,让小王完成以下练习:

1. HDFS 的 Web 管理界面的默认端口号是_____。

2. Hadoop 2.0 开始推出了 HA 机制,即高可用(7×24 小时不中断服务)机制,消除_____的单点故障。

3. 请描述 HDFS 的体系结构。

4. 请描述 HDFS 的数据读写过程。

5. 完成 Linux 系统中的 HDFS 命令操作:

①列出 HDFS 根目录下的文件目录;

②列出 HDFS 目录/upload 下的文件内容;

③在 HDFS 上创建目录/test/01;

④将本地系统文件/home/data. txt 上传到 HDFS 的/test/01,保存名为 data. txt。

项目小结

本项目主要讲解 Hadoop 的分布式文件系统 HDFS。Hadoop 分布式文件系统 HDFS 支持海量数据的存储,可以部署在低成本硬件上,具有高容错、高可靠性、高可扩展性、高吞吐率等特征,非常适用于具有大型数据集的应用程序。

文件以块(Block)方式存储,写入时自动拆分成块,每个块缺省有 3 个副本,提高可靠度和读取吞吐量,每个副本分到不同的 DataNode 上。

HDFS 采用主从(Master/Slave)结构模型,一个 HDFS 基本集群的节点主要包括 NameNode、DataNode、SecondaryNameNode。NameNode(名称节点)是集群的主server,它是一个主管,管理 HDFS 的命名空间;DataNode(数据节点)是任务详细的执行者,存储实际的数据块,执行数据块的读/写操作;SecondaryNameNode(第二名称节点)主要辅助 NameNode 定期合并 FsImage 和 FsEdits,并推送给 NameNode,在紧急情况下,可辅助恢复 NameNode。

Hadoop HA 高可用机制用于消除 NameNode 的单点故障,两台或多台独立的机器被配置为 NameNode,在任何时间点,只有一个 NameNode 处于 Active 状态,负责集群中的所有客户端操作,而其他 NameNode 处于 Standby 状态,充当工作人员,维护足够的状态以在必要时提供快速故障转移,而不影响整个 HDFS 集群服务。

本项目最后介绍了 HDFS 读取数据和写入数据的过程和 HDFS 常用命令。

📑 项目实训

一、实训目的

通过实训熟悉 HDFS 的使用,理解 HDFS 数据存储特点和读写过程,能够正确启动 HDFS 服务,使用 HDFS 的 Web 管理界面。掌握 Linux 系统中,HDFS 目录的查看、创建、删除,文件上传、下载等常用命令应用。

二、实训内容

1. 通过命令启动 HDFS 服务。

2. 在 Windows 系统中,打开 HDFS 的 Web 管理页面:

①查看节点信息;

②查看 HDFS 启动过程;

③查看 HDFS 中的文件信息;

④查看 SecondaryNameNode 信息。

3. 在 Linux 系统中,通过 HDFS 命令操作,在 HDFS 的 Web 管理页面中查看文件的变化:

①列出 HDFS 根目录下的文件目录;

②列出 HDFS 目录/test/01 下的文件内容;

③在 HDFS 根目录下创建目录 /text/02;

④将本地系统文件/home/data. txt 上传到 HDFS 的/test/02,保存名为 data. txt;

⑤将 HDFS 目录/test/02 下的 data. txt 复制到本地系统/home/download 中,保存名为 data. txt;

⑥删除 HDFS 的目录/test 中的 01 文件夹;

⑦在 HDFS /text/02 目录下创建一个 0 字节的空文件 word. txt;

⑧将 HDFS 目录/text/02 中 word. txt 文件移动到 HDFS 根目录下;

⑨统计 HDFS 根目录下的文件数和大小。

项 目 三

大数据离线计算框架
(MapReduce & YARN)

所谓海量,就是数据量太大,导致无法在较短时间内迅速解决或者无法一次性存入内存。所以要将数据进行拆分,MapReduce 在进行计算任务时,会将任务初始化为几个工作(Job),每个工作(Job)又被分解成若干任务(task),通过 MAP 函数和 Reduce 函数对工作(job)进行分类和重组;而 YARN 的基本思想是将 Job Tracker 的两个主要功能(资源管理和作业调度/监控)分离。

本项目通过介绍 MapReduce 计算机过程、MapReduce 具体函数的用法帮助学生理解海量数据的处理过程。MapReduce 和 YARN 的架构、YARN 调度过程,都是将问题"分而治之",这是大数据离线计算框架的核心思想。

学习目标

- 掌握 MapReduce 体系架构以及相关概念
- 掌握 Map 函数和 Reduce 函数
- 掌握 YARN 技术的运用
- 了解 MapReduce 函数的计算过程
- 了解 YARN 资源调度的三种模式

学习情境

公司有一个 Hadoop 的集群,A 组经常做一些资源统计,B 组经常做一些定时报表,C 组经常做一些临时需求。A 组的统计量非常大,他们是怎么处理资源的呢? 当他们遇到同时提交任务的场景时,到底该如何分配资源满足这三组的任务呢? 是先执行 A 任务、B 任务,还是 C 任务? 或者同时执行? 带着这些疑惑,小王认真翻阅了老张的笔记。决定从大数据离线计算框架开始学习。

📶 学习地图

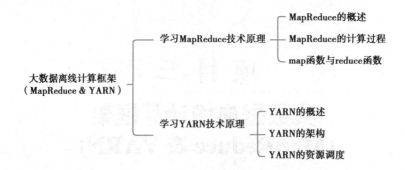

【任务一】学习 MapReduce 技术原理

📃 任务描述

MapReduce 是面向大数据并行处理的计算模型、框架和平台。通过分布式计算,将大规模数据计算任务分解,分布到不同的计算节点去并行计算,从而使得低成本的大规模数据计算成为可能。

📃 知识学习

一、MapReduce 的概述

1. MapReduce 的定义

MapReduce 是一个分布式运算程序的编程框架,是用户开发"基于 Hadoop 的数据分析应用"的核心框架,分别是:Client、Job Tracker、Task Tracker 以及 Task。其核心功能适合用户编写的业务逻辑代码和自带默认组件整合成一个完整的分布式运算程序,并发运行在一个 Hadoop 集群上。

2. MapReduce 的体系

其中用户通过 Client 提交 Job Tracker 端,并查看作业运行状态,Job Tracker 端负责资源监控和作业调度,Task Tracker 负责周期性汇报给 Job Tracker 体系结构,如图 3-1 所示。

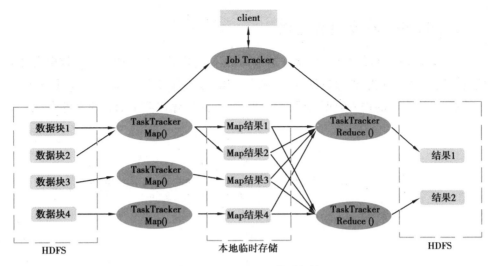

图 3-1　MapReduce 体系机构

3. MapReduce 的特点

①易于编程：可通过 Java、Ruby、PHP、C++等非 Java 类语言编写。

②具有良好的扩展性：可动态地增加服务器，解决计算资源问题。

③具有较高的容错性：任何一台机器撤除，也可以将任务转移到其他节点；适合计算海量数据，几千台服务器共同计算。

4. MapReduce 的工作流程

MapReduce 最重要的一个思想：分而治之，就是将负责的大任务分解成若干个小任务，并行执行完成后再合并到一起，适用于大量复杂的任务处理场景。由图 3-2 可知，不同的 Map、Reduce 任务之间不会通信，所有的数据交换都要通过 MapReduce 框架来实现。

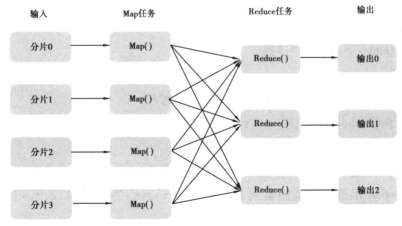

图 3-2　MapReduce 工作流程

二、MapReduce 的计算过程

MapReduce 运行的时候,会通过 Mapper 运行的任务读取 HDFS 中的数据文件,然后调用自己的方法,处理数据,最后输出。Reducer 任务会接收 Mapper 任务输出的数据,作为自己的输入数据,调用自己的方法,最后输出到 HDFS 的文件中,如图 3-3 所示。

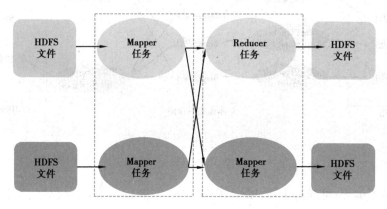

图 3-3   MapReduce 计算过程

三、map 函数与 reduce 函数

将一个大的、复杂的工作或任务,拆分成多个小的任务,并行处理,最终进行合并是 MapReduce 的中心思想。map 负责"分",即把复杂的任务分解为若干个"简单的任务"来并行处理;reduce 负责"合",即对 map 阶段的结果进行全局汇总。

1. map( ) 函数

map（function, iterable, …）

- function：函数。
- iterable：一个或多个序列。

例如:

#在 function 处使用匿名函数 lambda 来计算平方数
list（map（lambda x, y:(x ＊ ＊ y), [2,3,4], [1,2,3]）)
返回值:[2,9,64]

第一个参数 function 以参数序列中的每一个元素调用 function 函数,返回包含每次 function 函数返回值的新列表。函数 $F(x) = x^2$ 将序列[1,2,3,4]映射到[1,4,9,16]。如图 3-4 所示。

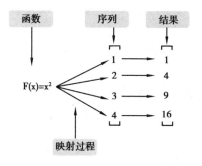

图 3-4　MapReduce 计算过程

2. reduce( ) 函数

reduce（function, iterable, ［initializer］）

- function：函数,有两个参数。
- iterable：可迭代对象。
- initializer：可选,初始参数。
- reduce( ) 函数会对参数序列中的元素进行累积。

例如:

```
#! /usr/bin/python
from functools import reduce        #需要引入 functools 模块来调用 reduce( ) 函数
def add（x, y）
    return x + y                    #两数相加,计算机列表之和
```

函数将一个数据集合（链表、元组等）中的所有数据进行下列操作:用传给 reduce 中的函数 function(有两个参数)先对集合中的第 1、2 个元素进行操作,得到的结果再与第三个数据用 function 函数运算,最后得到一个结果。

如图 3-5 所示,若给定函数 F（x,y）= x+y,参数列表为［1,2,3,4］。其返回值应为 10。

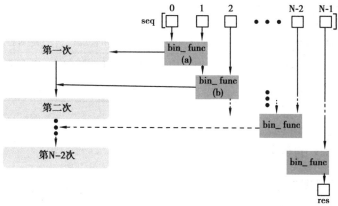

图 3-5　reduce（ ）函数

任务检测

老张为了考查小王对 MapReduce 框架的知识是否掌握牢固,让小王完成以下练习:

1. MapReduce 是主要用来进行计算的,其中 map 是将计算任务拆分成_____小任务分发给_____完成,reduce 是将_____计算运行结果合并到_____完成整个任务需求。

2. 简述 MapReduce 的计算过程。

【任务二】学习 YARN 技术原理

任务描述

YARN 是 Yet Another Resource Negotiator 的缩写,这是一个快速、可靠、安全的管理工具,目前提供的稳定版本为 v2.0,在 Hadoop 1.0 及更早的版本中,我们只能运行 MapReduce,这导致图形处理、迭代计算等任务无法有效执行。在 Hadoop 2.0 及后续版本中,MapReduce 的调度部分被外部化并重新编写为 YARN 的新组件,YARN 最大的特点是执行调度,与 Hadoop 上运行的任务类型无关。

知识学习

一、YARN 的概述

YARN 是一个资源调度平台,负责为运算程序提供服务器运算资源,相当于一个分布式的操作系统平台,是 Hadoop2. x 版本中的一个新特性,也就是说 YARN 在 Hadoop 集群中的作用是进行资源管理和任务调度,主要包含三个模块:ResourceManager(RM)、NodeManager(NM)、ApplicationMaster(AM),如表 3-1 所示。

表 3-1　YARN 三个主要模块

资源调度模块	任务实施	权限
ResourceManager(RM)	所有资源的监控、分配和管理	绝对控制和分配
NodeManager(NM)	每一个具体应用程序的调度和协调	执行和监控 task
ApplicationMaster(AM)	每一个节点的维护	与 RM 协商资源

二、YARN 的架构

YARN 架构图如图 3-6 所示。

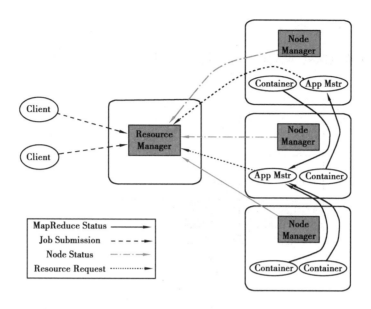

图 3-6　YARN 的架构

三、YARN 的资源调度

当 ResourceManager 收到客户端(Client)的请求之后会将该工作(job)添加到容量调度器中,然后再由某一个空闲的 NodeManager 领取该 job 并具体提供运算资源。通过对调度器的配置,就可以添加 MapReduce 任务到需要提交的那一个队列里去。

YARN 中支持的调度器有三种,分别是 FIFO Scheduler 、Capacity Scheduler 和 Fair Scheduler。

1. FIFO Scheduler(先进先出)

任务提交到队列,按照先后到达顺序,执行完前一任务后才能执行下一个任务,如图 3-7 所示。

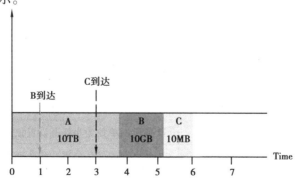

图 3-7　FIFO Scheduler 调度器

2. Capacity Scheduler(容量调度)

任务提交到队列,队列可以设置资源占比以满足小任务能够独立一列进行,如图 3-8 所示。

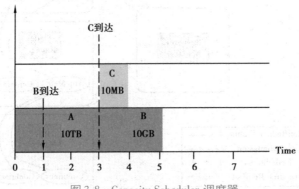

图 3-8　Capacity Scheduler 调度器

3. Fair Scheduler(公平调度)

任务提交到队列,队列可以为所有运行的作业动态调整系统资源,若队列仅只有一个任务运行,该程序最多可以获得所有资源,如图 3-9 所示。

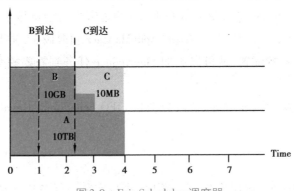

图 3-9　Fair Scheduler 调度器

4. YARN 资源调度的区别

YARN 资源调度区别如表 3-2 所示。

表 3-2　YARN 资源调度区别

调度器	开发者	任务处理顺序	共享集群
FIFO Scheduler	—	优先满足先进入的任务	不适用
Capacity Scheduler	Yahoo	队列里面单独为小任务设置独立列	适用
Fair Scheduler	Facebook	队列里面的任务公平享受队列资源	适用

注意:容器资源分配按照容器的优先级分配资源;如果优先级相同,按照数据

本地性原则;公平调度器会优先为缺额大的作业分配资源。常用的 YARN 命令如表 3-3 所示。

表 3-3　常用 YARN 命令

文件	用途
yarn -v	查看 yarn 版本
yarn config list	查看 yarn 配置
yarn config get registry	查看当前 yarn 源
yarn global list	查看全局安装过的包
yarn init	初始化项目
yarn application	查看任务
application -kill + application id	杀死 application
yarn logs -applicationId	查询日志
yarn applicationattempt	查看尝试运行的任务
yarn node -list -all	列出所有节点(任务中执行)
yarn rmadmin	更新配置
yarn queue	查看队列

任务检测

老张为了考查小王对 YARN 框架任务的知识是否掌握牢固,让小王完成以下练习:

1. 简述 YARN 工作流程。

2. 用某公司董事长、总经理、部门经理、部门员工来描述 YARN 资源调度的原理。

项目小结

本项目主要讲解了 Hadoop 的大数据离线计算框架。

MapReduce 用于并行处理大型数据集,已经是一套非常成熟的一套体系。它的推出给大数据并行处理带来了革命性影响,使其已经成为事实上大数据处理的工业标准。集群的构建完全选用价格便宜、易于扩展的低端商用服务器,而非价格昂贵、不易扩展的高端服务器。其并行计算软件框架使用了多种有效的错误检测和恢复机制,如节点自动重启技术,使集群和计算框架具有对付节点失效的健壮性,能有效处理失效节点的检测和恢复。

YARN 是一个通用资源管理系统,可为上层应用提供统一的资源管理和调度,它的引入给集群在利用率、资源统一管理和数据共享等方面带来了巨大好处。它分层结构的本质是控制整个集群并管理应用程序向基础计算资源的分配。此举大大减小了 Job Tracker 的资源消耗,并且让监测每一个 Job 子任务(task)状态的程序分布式化了,更加安全。

项目实训

一、实训目的

通过实训了解大数据离线计算框架的体系及计算流程,理解 map 函数和 reduce 函数的概念和运用,掌握 YARN 管理工具的安装。

二、实训内容

进入官方下载页面安装 YARN:查看版本、项目初始化、更新版本、添加指定版本包。

项目四
大数据数据库(HBase)

　　HBase 是一个开源的非关系型分布式数据库,它参考了 BigTable 建模,实现的编程语言为 Java。它是 Apache 软件基金会的 Hadoop 项目的一部分,运行于 HDFS 文件系统之上,为 Hadoop 提供类似于 BigTable 规模的服务。因此,它可以容错存储海量稀疏的数据。

　　本项目通过海量数据存储利器 HBase 的学习,使学生了解在信息时代,数据对个人、对企业、对社会的重要意义,从而启发学生未来的职业愿景。通过将 HBase 与传统关系型数据库进行对比,使学生理解事物的联系是普遍存在的,引导学生用类比的方法进行知识的迁移。通过环境搭建与 HBase Shell 操作实训,让学生了解 HBase 开发规范的重要性,培养学生的职业素质和道德规范。

📶 学习目标

- 了解 HBase 与关系型数据库的区别
- 了解 HBase 的应用场景
- 熟悉 HBase 的数据模型、系统架构与功能组建
- 熟悉 HBase 的读、写流程
- 掌握 HBase 环境的搭建
- 掌握 HBase 中常用的 Shell 命令

📶 学习情境

　　随着公司业务不断发展,出现了越来越多的复杂存储场景,数据量越来越大,为避免触及性能瓶颈,公司决定将底层数据库选型由 Mysql 更改为 HBase。虽然小王在关系型数据库(如 Mysql)上已经有了比较好的技术积累,但是对 HBase 却知

之甚少。通过老张的介绍,小王了解到 HBase 是一个在 HDFS 上开发的面向列的分布式数据库,如果需要实时地随机读写超大规模数据集,可以使用 HBase 来处理,它具有查找速度快、查询方便的特点。HBase 实现了在廉价硬件构成的集群中管理大规模数据,相对于关系型数据库,HBase 能够更高效地处理分布式的大规模数据。

为了能在工作中更加得心应手,小王决定借此机会通过向老张请教、查询网上相关资料等方式对 HBase 知识进行系统的学习,内容主要包括 HBase 基础知识、HBase 的架构原理、HBase 的基本操作。

📶 学习地图

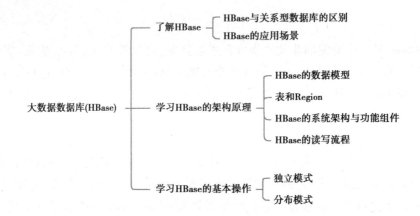

【任务一】了解 HBase

📖 任务描述

HBase 是一个高可靠、高性能、面向列、可伸缩的分布式数据库,主要用来存储非结构化和半结构化的松散数据。HBase 的目标是处理非常庞大的表,可以通过水平扩展的方式,在廉价的 PC Server 上搭建大规模结构化存储集群,处理由超过 10 亿行数据和数百万列元素组成的数据表。为了帮助小王了解 HBase 数据库,老张将从 HBase 与关系型数据库的区别和 HBase 的应用场景这两个方面为小王作简要介绍。

📖 知识学习

一、HBase 与关系型数据库的区别

HBase 这一技术来源于 Fay Chang 所撰写的论文"Bigtable:一个结构化数据的

分布式存储系统"。HBase 是 Apache 的 Hadoop 项目的子项目,不同于一般的关系数据库,它是一个适合于非结构化数据存储的数据库。

HBase 作为一个典型的 NoSQL(非关系型)数据库,可以通过行键(Rowkey)检索数据,仅支持单行事务,主要用于非结构化(不方便用数据库二维逻辑表来表现的数据,比如图片、文件、视频)和半结构化(介于完全结构化数据和完全无结构的数据之间的数据,XML、HTML 文档就属于半结构化数据。它一般是自描述的,数据的结构和内容混在一起,没有明显的区分)的松散数据。与 Hadoop 类似,HBase 设计目标主要依靠横向扩展,通过不断增加廉价的商务服务器来增加计算和存储能力。HBase 与传统关系型数据库的区别如表 4-1 所示。

表 4-1　HBase 与传统关系型数据库的区别

区别	传统关系数据库	HBase
数据类型	关系模型	数据模型
数据操作	插入、删除、更新、查询、多表连接	插入、查询、删除、清空,无法实现表与表之间关联
存储模式	基于行模式存储,元组或行会被连续地存储在磁盘中	基于列存储,每个列族都由几个文件保存,不同列族的文件是分离的
数据索引	针对不同列构建复杂的多个索引	只有一个行键索引
数据维护	用最新的当前值去替换记录中原来的旧值	更新操作不会删除数据旧的版本,而是生成一个新的版本
可伸缩性	很难实现横向扩展,纵向扩展的空间也比较有限	轻易地通过在集群中增加或者减少硬件数量来实现性能的伸缩

与传统数据库相比,HBase 具有很多与众不同的特性,下面介绍 HBase 具备的一些重要的特征。

1. 海量存储

HBase 适合存储 PB 级别的海量数据,在 PB 级别的数据以及采用廉价 PC 存储的情况下,能在几十到几百毫秒内返回数据。这与 HBase 的极易扩展性息息相关。正是因为 HBase 良好的扩展性,才为海量数据的存储提供了便利。

2. 列式存储

列式存储就是列族存储,HBase 是根据列族来存储数据的。列族下面可以有非常多的列,列族在创建表的时候就必须指定(通常建表会只建一个列族)。

3. 极易扩展

HBase 的扩展性主要体现在两个方面：一个是基于上层处理能力（RegionServer）的扩展，一个是基于存储的扩展（HDFS）。通过横向添加 RegionSever 的机器，进行水平扩展，提升 HBase 上层的处理能力，提升 HBsae 服务更多 Region 的能力。

4. 高并发

由于目前大部分使用 HBase 的架构，都是采用的廉价 PC，因此单个 IO 的延迟其实并不小，一般在几十到上百毫秒之间。这里说的高并发，主要是在并发的情况下，HBase 的单个 IO 延迟下降并不多，能获得高并发、低延迟的服务。

5. 稀疏

稀疏主要是针对 HBase 列的灵活性，在列族中，可以指定任意多的列，在列数据为空的情况下，是不会占用存储空间的。

二、HBase 的应用场景

在实际应用中，有很多公司使用 HBase，Adobe 公司使用 Hadoop+HBase 的生产集群，将数据直接持续地存储在 HBase 中，并将 HBase 作为数据源进行 MapReduce 的作业处理。针对某些特点的数据可以使用 HBase 高效地解决，如以下的应用场景：

1. 半结构化或非结构化数据

对于数据结构字段不够肯定或杂乱无章，很难按一个概念去进行抽取的数据适合用 HBase。并且 HBase 是面向列的，HBase 支持动态增长字段。

2. 记录稀疏

RDBMS 的行有多少列是固定的，为 null 的列浪费了存储空间。而 HBase 为 null 的 Column 是不会被存储的，这样既节省了空间又提升了读取性能。

3. 多版本数据

对于需要存储变更历史记录的数据，使用 HBase 就再合适不过了。HBase 根据 Row key 和 Column key 定位到的 Value 能够有任意数量的版本值。

4. 超大数据量的随机、实时读写

当数据量越来越大，RDBMS 数据库撑不住了，就会出现读写分离策略，由一个 Master 专门负责写操作，多个 Slave 负责读操作，服务器成本倍增。随着压力增长，Master 撑不住了，这时就要分库了，把关联不大的数据分开部署，一些 join 查询不能用了，需要借助中间层。随着数据量的进一步增长，一个表的记录量越来越大，

查询就变得很慢,因而又得做分表,好比按 ID 取模分表,以减小单个表的记录数。采用 HBase 就简单了,只需要加机器便可,HBase 会自动水平切分扩展,和 Hadoop 的无缝集成保障了其数据可靠性(HDFS)和海量数据分析的高效性(MapReduce)。

5. 查询简单

不涉及复杂的 Join 查询,基于 RowKey 或者 RowKey 的范围查询。

任务检测

老王为了考查小王对了解 HBase 任务的知识是否掌握牢固,让小王完成以下练习:

1. HBase 是一种(　　　)(非关系型)数据库。
2. HBase 技术来源于哪篇博文。(　　　)
    A. The Google File System　　B. MapReduce　　C. BigTable　　D. Chubby
3. 简述 HBase 与传统的关系型数据库的区别。
4. 简述 HBase 的应用场景。

【任务二】学习 HBase 的架构原理

任务描述

众所周知,HBase 是一个面向列的 NoSQL 据库。虽然它看起来类似于包含行和列的关系数据库,但它不是关系数据库。关系数据库是面向行的,而 HBase 是面向列的。HBase 具有灵活的数据模型,不仅可以基于键值进行快速查询,还可以实现基于值、列名等的全文遍历和检索。HBase 是强一致性的海量数据库,无论是读写性能,或是数据容量,还是一致性方面,它都有非常优秀的表现。为了让小王更好地理解 HBase 的架构原理,老张将从 HBase 的数据模型(包括逻辑模型和物理模型)、表和 Region、HBase 的系统架构以及读、写操作这些方面为小王进行讲解。

知识学习

一、HBase 的数据模型

1. HBase 数据模型中的相关概念

HBase 不支持关系模型,它可以根据用户的需求提供更灵活和可扩展的表设计。与传统的关系型数据库类似,HBase 也是以表的方式组织数据,应用程序将数据存于 HBase 的表中,HBase 的表也由行和列组成。但有一点不同的是,HBase 有列族的概念,它将一列或多列组织在一起,HBase 的每个列必须属于某一个列族。

下面介绍 HBase 数据模型中一些名词的概念。

（1）Table（表）

HBase 中的数据以表的形式存储。同一个表中的数据通常是相关的,使用表主要是可以把某些列组织起来一起访问。表名作为 HDFS 存储路径的一部分来使用,在 HDFS 中可以看到每个表名都作为独立的目录结构。

（2）Name Space（命名空间）

类似于关系型数据库的 DatabBase 概念,每个命名空间下有多个表。HBase 有两个自带的命名空间,分别是 HBase 和 default,HBase 中存放的是 HBase 内置的表,default 表是用户默认使用的命名空间。

（3）Region

类似于关系型数据库的表的概念(实际上 Region 在 HBase 数据库中是表的切片)。不同的是,建表时 HBase 定义表时只需要声明列族即可,不需要声明具体的列。这意味着,往 HBase 中写入数据时,字段可以为动态形式并按需指定。因此,和关系型数据库相比,HBase 能够轻松应对字段变更的场景。

（4）Row（行）

HBase 表中的每行数据都由一个 RowKey（行键）和多个 Column（列）组成,数据是按照 RowKey 的字典顺序存储的,并且查询数据时只能根据 RowKey 进行检索,所以 RowKey 的设计十分重要。

（5）Column（列）

HBase 中的每个列都是由 Column Family（列族）和 Column Qualifier（列限定符）运行限定,例如,info：name,info：age。建表时,只需声明列族,而列限定符无须预先定义。

（6）Colunm Family（列族）

HBase 中的列族是一些列的集合,列族中所有列成员有着相同的前缀,列族的名字必须是可显示的字符串。列族支持动态扩展,用户可以很轻松地添加一个列族或列,无须预定义列的数量以及类型。所有列均以字符串形式存储,用户在使用时需要自行进行数据类型的转换。

（7）Column Qualifier（列标识）

列族中的数据通过列标识来进行定位,列标识也没有特定的数据类型,以二进制字节来存储。通常以 Column Family：Colunm Qualifier 来确定列族中的某列。

（8）Time Stamp（时间戳）

用于标识数据的不同版本（version）,每条数据写入时,如果不指定时间戳,系统会自动为其加上该字段,其值为写入 HBase 的时间。

（9）Cell（单元格）

由{RowKey, Column Family：Column Qualifier, Time Stamp}唯一确定的单元。

cell 中的数据是没有类型的,全部是以字节码形式存储(byte[ ]数组)。

2. 数据模型

表是 HBase 中数据的逻辑组织方式,从用户视角来看,HBase 表的逻辑模型如图 4-1 所示。HBase 中的一个表有若干行,每行有多个列族,每个列族中包含多个列,而列中的值有多个版本。

行键	StuInfo				Grades			时间戳
	Name	Age	Sex	Class	Chinese	Math	Computer	
0001	张三	18	男		80	90	85	T2
0002	李四	19		01	95	89		T1
0003	王五	19	男	02	90	88		T1

图 4-1　HBase 逻辑数据模型

图 4-1 展示的是 HBase 中的学生信息表 Student,有三行记录和两个列族(Colunm Family),行键(RowKey)分别为 0001、0002 和 0003,两个列族分别为 StuInfo 和 Grades。每个列族中含有若干列,如列族 StuInfo 包括 Name(姓名)、Age(年龄)、Sex(性别)和 Class(班级)四列,列族 Grades 包括 Chinese(语文)、Math(数学)和 Computer(计算机)三列。

在 HBase 中,列不是固定的表结构,在创建表时,不需要预先定义列名,可以在插入数据时临时创建。

从图 4-1 的逻辑模型来看,HBase 表与关系型数据库中的表结构之间似乎没有太大差异,只不过多了列族的概念。但实际上是有很大差别的,关系型数据库中表的结构需要预先定义,如列名及其数据类型和值域等内容。如果需要添加新列,则需要修改表结构,这会对已有的数据产生很大影响。同时,关系型数据库中的表为每个列预留了存储空间,图 4-1 中的空白单元格(Cell)数据在关系型数据库中以"NULL"值占用存储空间。因此,对稀疏数据来说,关系型数据库表中就会产生很多"NULL"值,消耗大量的存储空间。

在 HBase 中,如图 4-1 中的空白单元格(Cell)在物理上是不占用存储空间的,即不会存储空白的键值对。因此,若一个请求为获取 RowKey 为 0001 在 T2 时间的 StuInfo:class 值时,其结果为空。类似地,若一个请求为获取 RowKey 为 0002 在 T1 时间的 Grades Computer 值时,其结果也为空。

与面向行存储的关系型数据库不同,HBase 是面向列存储的,且在实际的物理存储中,列族是分开存储的,即图 4-1 中的学生信息表将被存储为 StuInfo 和 Grades 两个部分。

图 4-2 和图 4-3 展示了 StuInfo 和 Grades 这两个列族的实际物理存储方式,即

HBase 的物理数据模型,从表中可以看到空白 Cell 是没有被存储下来的。

行键	列标识	值	时间戳
0001	StuInfo:Name	张三	T2
0001	StuInfo:Age	18	T2
0001	StuInfo:Sex	男	T2
0002	StuInfo:Name	李四	T1
0002	StuInfo:Age	19	T1
0002	StuInfo:Class	01	T1
0003	StuInfo:Name	王五	T1
0003	StuInfo:Age	19	T1
0003	StuInfo:Sex	男	T1
0003	StuInfo:Class	02	T1

行键	列标识	值	时间戳
0001	Grades:Chinese	80	T2
0001	Grades:Math	90	T2
0001	Grades:Computer	85	T2
0002	Grades:Chinese	95	T1
0002	Grades:Computer	89	T1
0003	Grades:Chinese	90	T1
0003	Grades:Computer	88	T1

图 4-2 列族 StuInfo 的物理存储方式　　图 4-3 列族 Grades 的物理存储方式

二、表和 Region

HBase 是一种列式存储的分布式数据库,其核心概念是表(Table)。与传统关系型数据库一样,HBase 的表也是由行和列组成,但 HBase 同一列可以存储不同时刻的值,同时多个列可以组成一个列族(Columm Family),这种组织形式主要是出于存取性能的考虑。下面介绍表和 Region 的概念。

1.表

在 HBase 中数据是以表的形式存储的,通过表可以将某些列放在一起访问,同一个表中的数据通常是相关的,可以通过列族进一步把列放在一起进行访问。用户可以通过命令行或者 JavaAPI 来创建表,创建表时只需要指定表名和至少一个列族。HBase 的表名作为 HDFS 存储路径的一部分来使用,必须符合文件名规范。因为 HBase 底层数据存储在 HDFS 文件系统中,所以在 HDFS 中可以看到每个表的表名都作为独立的目录结构。

HBase 的列式存储结构允许用户存储海量的数据到相同的表中,而在传统数据库中,海量数据需要被切分成多个表进行存储。从逻辑上看,HBase 的表是由行和列组成,但是从物理结构上看,表存储在不同的分区,也就是不同的 Region。每个 Region 只在一个 Region Server 中提供服务,Region 直接向客户端提供存储和读取服务。

2. Region

HBase 的列是按列族分组的,HFile 是面向列的,存放行的不同列的物理文件,一个列族的数据存放在多个 HFile 中,最重要的是一个列族的数据会被同一个 Region 管理,物理上存放在一起。

Region 是 HBase 数据管理的基本单位。数据移动、数据的负载均衡以及数据的分裂都是按照 Region 为单位来进行操作的。HBase 表默认最初只有一个 Region,随着记录数的不断增加而变大后,会逐渐分裂成多个 Region,一个 Region 由[startkey,endkey]表示,不同的 Region 会被 Master 分配给相应的 Region Server 进行管理。

三、HBase 的系统架构与功能组件

HBase 是一个分布式系统框架,除了底层存储 HDFS 外,HBase 包含 4 个核心功能模块,它们分别是:客户端(Client)、协调服务模块(ZooKeeper)、主节点(HMaster)和从节点(HRegion Server),这些核心模块之间的关系如图4-4所示。

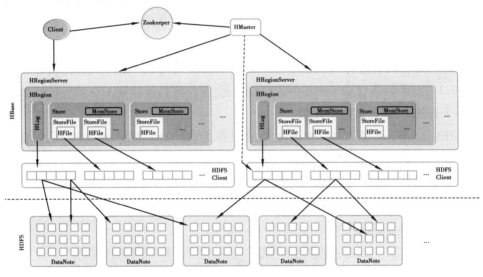

图 4-4　HBase 系统架构

1. Client

客户端(Client)是整个 HBase 系统的入口,可以通过 Client 直接操作 HBase。Client 使用 HBase 的 RPC 机制与 HMaster 和 HRegion Server 进行通信。对于管理方面的操作,Client 与 HMaster 进行 RPC 通信;对于数据的读写操作,Client 与 HRegion Server 进行 RPC 交互。HBase 有很多个客户端模式,除了 Java 客户端模式外,还有 Thrift、Avro、Rest 等客户端模式。

2. ZooKeeper

ZooKeeper 负责管理 HBase 中多个 HMaster 的选举,保证在任何时候集群中只有一个 Active HMaster;存储所有 Region 的寻址入口;实时监控 HRegion Server 的上

线和下线信息,并实时通知给 HMaster;存储 HBase 的 Schema 和 Tabel 元数据。

3. HMaster

HMaster 没有单点故障问题,在 HBase 中可以启动多个 HMaster,通过 Zookeeper 的 Master 选举机制保证总有一个 HMaster 正常运行并提供服务,其他 HMaster 作为备选,时刻准备提供服务。HMaster 和 HRegion 的管理工作包括:

①管理用户对表的增、删、改、查操作。

②管理 HRegion Server 的负载均衡,调整 HRegion 的分布。

③在 HRegion 分裂之后,负责新 HRegion 的分配。

④在 HRegion Server 停机后,负责失效 HRegion Server 上的 HRegion 的迁移工作。

4. HRegion Server

HRegion Server 主要负责响应用户的 I/O 请示,是 HBase 的核心功能模块。HRegion Server 内部管理了一系列 HRegion 对象,每个 HRegion 对应表中的一个 Region。HRegion 由多个 HStore 组成,每个 HStore 对应表中的一个列族(Column Family)。每个列族就是一个集中的存储单元,因此将具备相同 I/O 特性的列放在同一个列族中,能提高读写性能。

HRegionServer 是 HBase 中最主要的组件,负责 table 数据的实际读写,管理 Region。在分布式集群中,HRegion Server 一般跟 DataNode 在同一个节点上,目的是实现数据的本地性,提高读写效率。Region Server 的结构如图 4-5 所示。

Region Server = Region + Store + MemStore + StoreFile + HFile + HLog

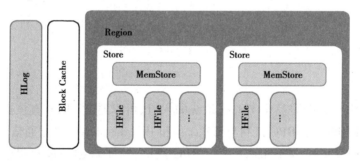

图 4-5　RegionServer 的结构

接下来将逐个介绍 Region Server 中的这些模块。

(1)Region

Region 是数据分布式存储和负载均衡的最小单元(存储的最小单元是 HFile),是 Client 和 RegionServer 交互的实际载体。

Region 通过三个信息标识自己：tableName、startRowKey（Rowkey 是有序的）、createTime（最早一条数据的插入时间）。一个 Region 是一张表中的一行数据（不会出现一行数据出现在多个 Region 中的情况）。一个 RegionServer 包含许多的 Region，每个 Region 包含的数据都是互斥的（不会出现一个 Region 存在多个 RegionServer 上的情况）。当 Region 中的数据不断插入，或者某个列族的数据到达一定的阈值后，Region 将会水平拆分为两个 Region。

当 RegionServer 挂了后，Master 会通过负载均衡策略将 Region 移动到其他 RegionServer 上。Region 的数量一定不能低于集群中节点的数量（数据量大到一定程度时，避免某个节点压力过大，不能做到负载均衡）。

（2）Store

每个 Region 有多个 Store，Store 对应每个表的列族，表里有多少个列族，Region 中就有多少个 Store（如前面的学生信息表中，Store1 存放列族 StuInfo，Store2 存放列族 Grades）。Region 会根据 Store 的大小，决定是否切分 Region。

（3）MemStore

每个 Store 又包含多个 MemStore，MemStore 是内存式的数据结构。MemStore 保存修改的数据，即用户 put、delete 的请求，默认大小 64 M，HBase 有异步线程进行刷写。

（4）StoreFile

HBase 会将内存中的数据写入到文件中，这里的文件指的就是 StoreFile。StoreFile 底层是以 HFile 格式保存，HFile 下文会专门介绍。

（5）HFile

存储数据的最小单元，HFile 底层是 Hadoop 的二进制格式文件（Key-Value 类型）。

四、HBase 的读写流程

1. HBase 数据写入流程（图 4-6）

①客户端访问 ZooKeeper，从 Meta 表得到写入数据对应的 Region 信息和相应的 Region 服务器。

②客户端访问相应的 Region 服务器，把数据分别写入 HLog 和 MemStore。MemStore 数据容量有限，当达到一个阈值后，则把数据写入磁盘文件 StoreFile 中。在 HLog 文件中写入一个标记，表示 MemStore 缓存中的数据已被写入 StoreFile 中。如果 MemStore 中的数据丢失，则可以从 HLog 上恢复。

③当多个 StoreFile 文件达到阈值后，会触发 Store. compact（）将多个 StoreFile 文件合并为一个大文件。

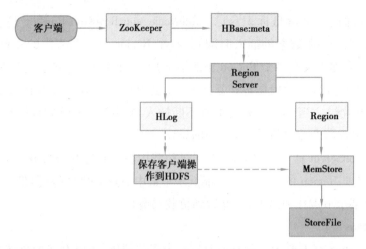

图 4-6　HBase 数据写入流程

2. HBase 数据读取流程(图 4-7)

①客户端先访问 ZooKeeper,从 Meta 表读取 Region 信息对应的服务器。

②客户端向对应 Region 服务器发送读取数据的请求,Region 接收请求后,先从 MemStore 查找数据,如果没有,再从 BlockCache 上读取,如果 BlockCache 中也没有找到,再到 StoreFile 上读取,然后将数据返回给客户端。

③从 StoreFile 中读取到数据之后,不是直接把结果数据返回给客户端,而是把数据先写入 BlockCache 中,目的是加快后续的查询,然后再返回结果给客户端。

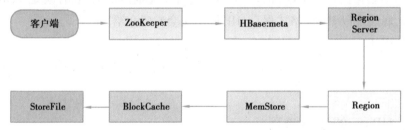

图 4-7　HBase 数据读取流程

📝 任务检测

老王为了考查小王对 HBase 的架构原理任务的知识是否掌握牢固,让小王完成以下练习:

1. HBase 中,列族是_____的集合,其英文名称为_____。

2. HBase 中,数据分布式存储和负载均衡的最小单元是_____。

3. HBase 中,Region 和 Store 有什么关系?

4. HBase 的数据模型主要有哪些?

5. 简述 HBase 数据写入和读取的流程。

【任务三】学习 HBase 的基本操作

任务描述

要使用 HBase,需要学习如何在 Linux 平台中搭建 HBase 环境,老张将为小王讲解如何使用单机模式安装 HBase 及如何使用 HBase Shell 进行简单的表操作。当然,HBase 的安装模式不只单机模式一种,对于其他的安装模式,老张要求小王通过网上查询或翻阅资料的方式进行学习并尝试,提高自我学习能力。

知识学习

HBase 有两种运行模式,独立(standalone)模式和分布(distributed)模式。无论模式如何,用户都需要通过编辑 HBase conf 目录中的文件来配置 HBase。用户至少要编辑 conf/HBase-env. sh 来告诉 HBase 需要使用的 Java 版本。在这个文件中,用户可以设置 HBase 环境变量,例如 JVM 的 heapsize 和其他选项、日志文件的首选位置等。将 JAVA_HOME 设置为指向用户安装 Java 的根目录。

一、独立模式

这是默认模式。在独立模式下,HBase 不使用 HDFS,而是使用本地文件系统代替它在同一个 JVM 中运行所有 HBase 守护进程和本地 ZooKeeper。客户端可以通过 ZooKeeper 绑定到的端口和 HBase 进行通信。

二、分布模式

分布模式可以细分为伪分布式和完全分布式。其中伪分布式所有守护进程都运行在单个节点上;完全分布式的守护进程则分布在集群中的所有节点上。伪分布模式可以针对本地文件系统运行,也可以针对 Hadoop 分布式文件系统(HDFS)的实例运行。完全分布模式只能在 HDFS 上运行。

1. HBase 的环境搭建

HBase 的安装模式有单机模式、伪分布式、完全分布式、HA 模式。本书主要讲述单机模式的安装步骤。

①将 HBase 安装包 HBase-1. 2. 6-bin. tar. gz 放到虚拟机 qf01 的/root/Downloads/目录下,切换到 root 用户,解压 HBase 安装包到/mysoft 目录下。

```
tar -zxvf /root/下载/HBase-1. 2. 6-bin. tar. gz -C /mysoft/
```

②切换到/mysoft 目录下,将 HBase-1. 2. 6 重命名为 HBase。

```
cd /mysoft/
mv HBase-1.2.6 HBase
```

③打开/etc/profile 文件,配置 HBase 环境变量。

```
vi /etc/profile
```

④在文件末尾添加如下三行内容。

```
#HBase environment variables
export HBASE_HOME=/mysoft/HBase
export PATH=$PATH：$HBASE_HOME/bin
```

⑤使环境变量生效。

```
source /etc/profile
```

⑥切换到/soft/HBase/conf 目录下,修改文件 HBase-env.sh。

```
cd /mysoft/HBase/conf/
vi HBase-env.sh
```

⑦将#export JAVA_HOME=/usr/java/jdk1.6.0/一行替换为如下内容。

```
export JAVA_HOME=/usr/local/jdk1.8.0_261
```

⑧修改 HBase-site.xml 文件,将<configuration>和</configuration>两行替换为如下内容。

```
vi HBase-site.xml
<configuration>
    <！--指定 HBase 存放数据的目录-->
    <property>
        <name>HBase.rootdir</name>
        <value>file：///root/HBasedir/HBase</value>
    </property>
    <！--指定 zookeeper 集群存放数据的目录-->
    <property>
        <name>HBase.zookeeper.property.dataDir</name>
        <value>/root/HBasedir/HBase/zkdir</value>
    </property>
</configuration>
```

⑨启动 HBase 单机模式。

```
start-HBase.sh
```

⑩使用 jps 命令查看 HBase 进程。

jps

执行结果:

2967 HMaster

3229 Jps

HMaster 进程就是 HBase 的主进程,HMaster 进程启动就表明 HBase 单机模式启动成功。

⑪查看 HBase 的 Web 界面,在浏览器中输入 http://192.168.142.131:16010,如图 4.3 所示。

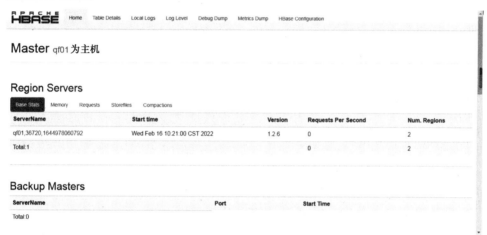

图 4-8　HBase Web 界面

⑫关闭 HBase。

stop-HBase. sh

执行结果:

stopping HBase……………………

2. HBase 的常用 Shell 命令

HBase 给用户提供了一个 Shell 终端,用户可以通过终端输入命令对 HBase 数据库进行增、删、改、查等各种操作,这是一个很常用的工具,HBase 的一部分运维工作需要通过 Shell 终端来完成。HBase Shell 的命令主要有 General 命令(常规命令)、命名空间相关命令、DDL(Data Definition Language,数据定义语言)命令、DML(Date Manipulation Language,数据操纵语言)命令四类,下面对这四类中的常用命令进行介绍。

（1）常用基本操作

常用基本操作见表4-2。

表 4-2　HBase Shell 的常规命令

命令	说明
status	提供有关系统状态的详细信息,如集群中存在的服务器数据,活动服务器计数和平均负载值
version	在命令模式下显示当前使用的 HBase 版本
help	查看 HBase 帮助信息
whoami	返回当前的 HBase 用户信息

下面是 General 命令的示例。

①使用 HBase shell 命令启动 HBase Shell 命令行。

HBase shell

……

HBase(main):001:0>

注:HBase(main):001:0>中的001用来统计用户输入的行数,该数字会随着用户输入的行数自增,如后面命令中的002、003 等。

②使用 version 命令查看 HBase 的版本信息。

HBase(main):001:0> version

1.2.6, rUnknown, Mon May 29 02:25:32 CDT 2017

③使用 status 命令查看服务器的状态。

HBase(main):002:0> status

1 active master, 0 backup masters, 1 servers, 0 dead, 2.0000 average load

④使用 whoami 命令查看当前使用 HBase 的用户。

HBase(main):003:0> whoami

root (auth:SIMPLE)

groups: root

⑤使用 help 命令查看 HBase Shell 的帮助信息。

HBase(main):004:0> help

使用 help 命令,可以列出 HBase Shell 中的所有命令。如果要查看某个命令的功能及用法,可以通过 help '命令'来查看,例如,要查看 whoami 命令的功能,则可以使用 help 'whoami'进行查看。

HBase(main):005:0> help ' whoami'

Show the current HBase user.

Syntax : whoami

For example:

 HBase> whoami

⑥如果要关闭 HBase Shell 命令行,可以使用 quit 命令或者 exit 命令。

HBase(main):006:0> quit

或者

HBase(main):006:0> exit

(2)基本命名空间操作

基本命名空间操作见表4-3。

表 4-3　HBase Shell 命名空间相关命令

命令	说明
create_namespace	创建命名空间
list_namespace	查看全部命名空间
list_namespace_tables	查看指定的命名空间下的所有表
drop_namespace	删除命名空间

下面是命名空间相关命令的示例。

①使用 create_namespace 命令创建命名空间"ns"。

HBase(main):002:0> create_namespace ' ns'

0 row(s) in 0.0820 seconds

②使用 list_namespace 命令查看全部命名空间。

HBase(main):003:0> list_namespace

NAMESPACE

default

HBase

ns

3 row(s) in 0.0660 seconds

③使用 list_namespace_tables 命令查看指定的命名空间下的所有表。

```
HBase(main):004:0> list_namespace_tables 'HBase'
TABLE
meta
namespace
2 row(s) in 0.0470 seconds
```

④使用 drop_namespace 命令删除命名空间"ns"。

```
HBase(main):005:0> drop_namespace 'ns'
0 row(s) in 0.0570 seconds
```

（3）基本表操作

基本表操作见表 4-4、表 4-5。

表 4-4　HBase Shell 表管理命令（DDL 命令）

命令	说明
create	创建表
list	显示 HBase 中存在或创建的所有表
describe	描述指定的表的信息
disable	禁用指定的表
disable_all	禁用所有匹配给定条件的表
enable	启用指定的表，如恢复被禁用的表
show_filters	显示 HBase 中的所有过滤器
drop	删除 HBase 中禁用的表
drop_all	删除所有匹配给定条件且处于禁用的表
is_enabled	验证指定的表是否被启用
alter	改变列族模式

图 4-5　HBase Shell 表管理命令（DML 命令）

命令	说明
count	检索表中行数的计数
put	向指定的单元格中插入数据
get	按行获取指定条件的数据
delete	删除定义行或列表中的单元格值
deleteall	删除给定行中的所有单元格
truncate	截断 HBase 表
scan	按指定范围扫描整个表格内容

下面是 DDL 和 DML 中部分命令的示例。

①创建 course 表,并添加 1 个列族 cf。

```
HBase(main):007:0> create 'course',' cf'
0 row(s) in 1.3490 seconds

=> HBase::Table - course
```

②查看所有表。

```
HBase(main):008:0> list
TABLE
course
1 row(s) in 0.0610 seconds

=> ["course"]
```

③查看 course 表结构。

```
HBase(main):014:0> describe 'course'
Table course is ENABLED
course
COLUMN FAMILIES DESCRIPTION
{NAME => ' cf ', BLOOMFILTER => ' ROW', VERSIONS => ' 1 ', IN_
MEMORY => 'false', KEEP_DELETED_CELLS => 'FALSE', DATA_BLOCK_
ENCODING => 'NONE',
TTL => 'FOREVER', COMPRESSION => 'NONE', MIN_VERSIONS => '0',
BLOCKCACHE => 'true', BLOCKSIZE => '65536', REPLICATION_SCOPE =>
'0'}
1 row(s) in 0.1720 seconds
```

④向 course 表中输入数据。

```
HBase(main):013:0> put 'course','001',' cf:cname ',' HBase'
HBase(main):014:0> put 'course','001',' cf:score ','95'
HBase(main):015:0> put 'course','002',' cf:cname ',' sqoop'
HBase(main):016:0> put 'course','002',' cf:score ','85'
HBase(main):017:0> put 'course','003',' cf:cname ',' flume'
HBase(main):018:0> put 'course','003',' cf:score ','98'
```

⑤查询表中的所有数据。

```
HBase(main):019:0> scan 'course'
ROW            COLUMN+CELL
001            column=cf:cname, timestamp=1645524612078, value=HBase
001            column=cf:score, timestamp=1645524633316, value=95
002            column=cf:cname, timestamp=1645524651384, value=sqoop
002            column=cf:score, timestamp=1645524667085, value=85
003            column=cf:cname, timestamp=1645524693188, value=flume
003            column=cf:score, timestamp=1645524704393, value=98
3 row(s) in 0.0460 seconds
```

⑥查询 RowKey 整条记录。

```
HBase(main):020:0> get 'course','001'
COLUMN         CELL
cf:cname           timestamp=1645524612078, value=HBase
cf:score           timestamp=1645524633316, value=95
2 row(s) in 0.0510 seconds
```

⑦查询 RowKey 一个列族数据。

```
HBase(main):021:0> get 'course','001','cf'
COLUMN         CELL
cf:cname           timestamp=1645524612078, value=HBase
cf:score           timestamp=1645524633316, value=95
2 row(s) in 0.0180 seconds
```

⑧查询 Rowkey 其中一个列族的一个列。

```
HBase(main):022:0> get 'course','001','cf:cname'
COLUMN         CELL
cf:cname           timestamp=1645524612078, value=HBase
1 row(s) in 0.0670 seconds
```

⑨更新 course 表数据。

```
HBase(main):023:0> put 'course','001','cf:score','99'
0 row(s) in 0.0180 seconds


HBase(main):024:0> get 'course','001','cf'
COLUMN         CELL
cf:cname           timestamp=1645524612078, value=HBase
```

cf:score   timestamp=1645525278786, value=99

2 row(s) in 0.0300 seconds

⑩查询 course 表总记录。

HBase(main):025:0> count 'course'

3 row(s) in 0.1530 seconds

=> 3

⑪删除 course 表数据。

删除列族中的一个列。

HBase(main):026:0> delete 'course','003','cf:score'

0 row(s) in 0.0600 seconds

HBase(main):027:0> scan 'course'

ROW	COLUMN+CELL
001	column=cf:cname, timestamp=1645524612078, value=HBase
001	column=cf:score, timestamp=1645525278786, value=99
002	column=cf:cname, timestamp=1645524651384, value=sqoop
002	column=cf:score, timestamp=1645524667085, value=85
003	column=cf:cname, timestamp=1645524693188, value=flume

row(s) in 0.0480 seconds

删除整行记录。

HBase(main):028:0> deleteall 'course','002'

0 row(s) in 0.0480 seconds

HBase(main):029:0> scan 'course'

ROW	COLUMN+CELL
001	column=cf:cname, timestamp=1645524612078, value=HBase
001	column=cf:score, timestamp=1645525278786, value=99
003	column=cf:cname, timestamp=1645524693188, value=flume

2 row(s) in 0.0550 seconds

⑫清空 course 表。

```
HBase(main):030:0> truncate 'course'
Truncating 'course' table (it may take a while):
- Disabling table…
- Truncating table…
0 row(s) in 3.4420 seconds

HBase(main):031:0> scan 'course'
ROW                 COLUMN+CELL
0 row(s) in 0.1600 seconds
```

⑬删除 course 表,在删除表之前,需要禁用表。

```
HBase(main):032:0> disable 'course'
0 row(s) in 2.2580 seconds

HBase(main):033:0> drop 'course'
0 row(s) in 1.3100 seconds
```

⑭查看 course 表是否存在。

```
HBase(main):034:0> exists 'course'
Table course does not exist
0 row(s) in 0.0580 seconds
```

任务检测

老张为了考查小王对 HBase 基本操作任务的知识是否掌握牢固,让小王完成以下练习:

1. HBase 有两种运行模式,分别是_____模式和_____模式。

2. HBase Shell 的命令主要有_____、_____、_____、_____4 类。

3. 启动 HBase 单机模式的命令是_____。

4. 使用_____命令查看 HBase 进程。

5. 查询表中的所有数据,应使用_____命令。

6. 如果要查看表是否存在,则需要使用_____命令。

项目小结

本项目首先简要介绍了 HBase 的定义、HBase 与传统的关系型数据库之间的区别以及 HBase 的应用场景,让大家对 HBase 有了简单的认识。接着介绍了 HBase 的架构原理,其中包括 HBase 的数据模型、表和 Region、系统架构和功能组建以及 HBase 的读、写流程,让大家从整体上理解 HBase 数据库。最后讲解了

HBase 环境的搭建和通过 HBase Shell 来访问 HBase,从而熟练掌握 HBase 的基本操作。

项目实训

一、实训目的

通过实训熟悉 HBase Shell 命令的基本用法,如创建表、查看表结构、向表中输入数据、查询表中的所有数据、根据行键查询表、更新表数据等操作。

二、实训内容

用 HBase Shell 模式创建如下面表格所示的 Score 成绩表,并对表进行操作。

Score 成绩表

Info			Scores		
Name	Sex	Age	Chinese	Math	English
Lucy	F	17	95	90	86
Lily	F	17	90	76	88
Jack	M	18	85	92	78

1. 创建 Score 成绩表,并向表中输入数据。
2. 查看 Score 表结构。
3. 查询 Score 表中的所有数据。
4. 查询 Jack 同学的 Chinese 成绩。
5. 将 Lucy 同学的 English 成绩修改为 90 分。

项目五

大数据数据仓库（Hive）

Hive 是一种建立在 Hadoop 文件系统上的数据仓库架构，并对存储在 HDFS 中的数据进行分析和管理。它提供了一系列的工具，可用来对数据进行提取、转化、加载（ETL）；同时也是一种可以存储、查询和分析存储在 HDFS（或者 HBase）中的大规模数据的机制；查询是通过 MapReduce 来完成的。Hive 不仅定义了一种类似 SQL 的查询语言，被称为 HQL，而且可以允许用户编写自己定义的函数 UDF 并在查询中使用。

本项目通过知识点拆分的形式介绍 Hive 的特性、Hive 与传统数据仓库的区别、Hive 架构和数据存储，使学生更好地接收并吸收 Hive 的相关理论知识；强调 Hive 搭建、HiveQL 编程与数据加载，帮助学生培养动手操作的能力，让学生不仅具有理论基础而且拥有基本的操作能力。

学习目标

- 掌握 Hive 的基础知识
- 了解 Hive 的特性
- 了解 Hive 的架构和数据存储
- 掌握 Hive 的搭建
- 掌握 HiveQL 的编程

学习情境

公司最近接到了一个关于大数据仓库——Hive 的项目，对方不仅要求搭建好 Hive 数仓环境，还要求提供一些 Hive 的操作教学。这样艰巨的任务自然是落在了老张和小王的身上。为了能完美地完成这次任务，小王准备找老张好好补习下

Hive 的相关知识。而老张也为小王制订了详细的学习计划,其中包含了 Hive 的概述、Hive 架构和数据存储以及一些 Hive 应用的实践操作。

📶 学习地图

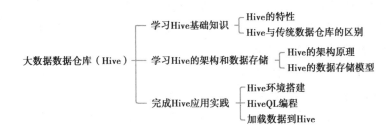

【任务一】学习 Hive 基础知识

📖 任务描述

Hive 作为大数据项目中最常用的数据仓库,具有数据提取、转换、加载等功能。为了让小王理解 Hive 为什么会成为大数据项目中最受欢迎的数仓工具,老张决定从 Hive 的特性和 Hive 与传统数据仓库的区别入手为小王进行讲解。

📖 知识学习

一、Hive 的特性

Hive 是基于 Hadoop 构建的一套数据仓库分析系统,它提供了丰富的 SQL 查询方式来分析存储在 Hadoop 分布式文件系统中的数据:可以将结构化的数据文件映射为一张数据库表,并提供完整的 SQL 查询功能;可以将 SQL 语句转换为 MapReduce 任务运行,通过自己的 SQL 查询功能分析需要的内容,这套 SQL 简称 Hive SQL,使不熟悉 MapReduce 的用户可以很方便地利用 SQL 语言查询、汇总和分析数据。Hive 具有以下特性:

①使用 HiveQL 以类似 SQL 查询的方式轻松访问数据,将 HiveQL 查询转换为 MapReduce 的任务在 Hadoop 集群上执行,完成 ETL(Extract、Transform、Load)报表、数据分析等数据仓库任务。HiveQL 内置大量 UDF(User Defined Function)来操作时间、字符串和其他的数据挖掘工具,支持用户扩展 UDF 函数来完成内置函数无法实现的操作。

②多种文件格式的元数据服务,包括 TextFile、SequenceFile、RCFile 和 ORCFile,其中 TextFile 为默认格式,创建 SequenceFile、RCFile 和 ORCFile 格式的表

需要先将文件数据导入到 TextFile 格式的表中,然后再把 TextFile 表的数据导入 SequenceFile、RCFile 和 ORCFile 表中。

③直接访问 HDFS 文件或其他数据存储系统(如 HBase)中的文件。

④支持 MapReduce、Tez、Spark 等多种计算引擎,可根据不同的数据处理场景选择合适的计算引擎。在 Hive3 中,Tez 完全取代了 MapReduce,查询执行流程为:Hive 编译查询语句、Tez 执行查询、YARN 分配资源、Hive 更新 HDFS 上的数据、Hive 返回查询结果给 JDBC 连接五个步骤。

⑤支持 HPL/SQL 程序语言(Hive3 支持最新的 SQL 2016 标准),HPL/SQL 是一种混合异构的语言,可以解析几乎任何现有的过程性 SQL 语言(如 Oracle PL/SQL、Transact-SQL)的语法和语义,有助于将传统数据仓库的业务逻辑迁移到 Hadoop 上,是在 Hadoop 中实现 ETL 流程的有效方式。

⑥可以通过 HiveLLAP(Live Long and Process)、Apache YARN 和 Apache Slider(动态 YARN 应用,可按需动态调整分布式应用程序的资源)进行秒级的查询检索。LLAP 结合了持久查询服务器和优化的内存缓存,使 Hive 能够立即启动查询,避免不必要的磁盘开销,提供较佳的查询检索效率。该功能是在 Hive2 中引入的,在 Hive3 中增强了在多租户场景下的 LLAP 负载管理。

⑦支持 ACID 在 Hive3 中默认打开。

二、Hive 与传统数据仓库的区别

随着数据增长速度日益加快,传统数仓面临着无法满足快速增长的海量数据存储需求、无法有效处理不同类型的数据、无法快速计算三大挑战。而 Hive 是用于查询分布式大型数据集的数据仓库,相比于传统数据仓库,在大数据的查询上有其独特的优势,但同时也牺牲了一部分性能,见表 5-1。

表 5-1 Hive 与传统数据仓库的区别

对比项	Hive	传统数据仓库
存储	HDFS 理论上有无限拓展的可能	集群存储,存在容量上限,而且伴随容量的增长,计算速度会有所下降。只能适应于数据量比较小的商业应用,不适用于超大规模数据
执行引擎	有 MR/Tez/Spark 多种引擎可供选择(Hive 3 不再支持 MR)	可以选择更加高效的算法来执行查询,也可以进行更多的优化措施来提高速度
使用语言	HiveQL(类似 SQL)	SQL
灵活性	元数据存储独立于数据存储之外,从而解耦合元数据和数据	低,数据用途单一

对比项	Hive	传统数据仓库
分析速度	计算依赖于集群规模,易拓展,在大数据量的情况下,速度远远快于普通数据仓库	在数据容量较小时非常快速,在数据量较大时,速度下降
索引	低效,目前还不完善	高效
业务解决方案	需要自行开发应用模型,灵活度较高,但是易用性较低	集成一整套成熟的报表解决方案,可以较为方便地进行数据分析
可靠性	数据存储在 HDFS,可靠性高,容错性高	可靠性较低,数据容错依赖于硬件 Raid
硬件需求	依赖硬件较低,可适应一般的普通机器	依赖于高性能的商业服务器
价格	开源产品	商用比较昂贵,开源的性能较低

任务检测

老张为了考查小王对 Hive 特性的知识掌握是否牢固,让小王完成以下练习:

1. 下列有关 Hive 特性的描述,错误的是(　　　)。

　A. 目的在于为分布式存储的大数据集提供基于 SQL 的读、写管理

　B. 提供分布式存储数据到现有数据的投影

　C. 只提供命令行的访问方式

　D. 可以支持 JDBC 驱动供用户连接

2. 下列关于 Hive 的描述不正确的是(　　　)。

　A. 一个构建于 Hadoop 顶层的数据仓库,可以将结构化的数据文件映射为一张数据库表

　B. 可以完成实时任务的计算与分析

　C. 有多种客户端连接方式,支持 JDBC、Thrift 等接口

　D. Hive 的数据表有多种形式,如:外部表、内部表、分区表、桶表

【任务二】学习 Hive 的架构和数据存储

任务描述

作为从事大数据行业的专业人员,仅仅知道 Hive 的特性和 Hive 与传统数据仓

库的区别是远远不够的。老张决定趁这次机会让小王了解更深层次的 Hive 内容，例如 Hive 的架构原理、数据存储模型以及 HiveQL 编程。

📖 知识学习

一、Hive 的架构原理

1. Hive 的架构

Hive 架构中主要包括客户端（Client）、CLI、Thrift Server、元数据存储（MetaStore）和 Driver，如图 5-1 所示。

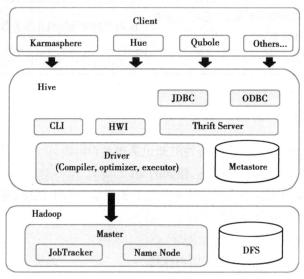

图 5-1　Hive 架构图

Hive 提供了多种客户端接口，包括旨在简化筛选过程的 Karmasphere、Hadoop 图形化用户界面 Hue、数据分析自动化服务提供商 Qubole，以及 Apache 用于可扩展的跨语言服务开发软件框架 Thrift 等接口和一些数据库接口、命令行接口、WEB 接口。

CLI 是 Hive 连接 HiveSever 的命令行工具，从 Hive 诞生就一直存在，但随着 Hive 功能的增强、bug 的修复、版本升级，Hive CLI 结构的局限性跟不上 Hive 的发展，如果强行更改就不能满足向下兼容的要求，于是出现了全新的 Beeline 命令行结构，即 Hive CLI 能做的事 Beeline 都能做，而 Beeline 能做的事 Hive CLI 不一定能做。

ThriftServer 提供了 Thrift 接口让 JDBC 和 ODBC 能够接入 Hive，进行可扩展且跨语言的服务的开发，让不同的编程语言调用 Hive 的接口。基于 Thrift 开发的 Hive Server 有着 HiveServer 和 HiveServer2 两个版本。HiveServer 仅支持单用户，HiveServer2 在 HiveServer 的基础上进行了优化，增加了多用户并发和用户安全认证的功能，提升了 Hive 的工作效率和安全性。HiveServer2 本身自带了一个命令行工具 BeeLine,方便用户对 HiveServer2 进行管理。

MetaStore 是 Hive 的元数据服务组件,存储 Hive 表的名字、表的属性、表的列和分区及其属性、表的数据所在目录等元数据。这些元数据被单独存储在关系型数据库中,Hive 支持的关系型数据库包括 MySQL 和 Apache Derby(Java 数据库)。

Driver 为 Hive 的核心组件,负责接收客户端发来的请求,管理 HiveQL 命令执行的生命周期,并贯穿 Hive 任务整个执行期间。Driver 中有编译器(Compiler)、优化器(Optimizer)和执行器(Executor)三个角色。Compiler 编译 HiveQL 并将其转化为一系列相互依赖的 MapReduce 任务。Optimizer 分为逻辑优化器和物理优化器,分别对 HiveQL 生成的执行计划和 MapReduce 任务进行优化。Executor 按照任务的依赖关系分别执行 MapReduce 任务。Driver 的作用便是将 HQL 语句进行解析、编译优化,生成执行计划,然后调用底层的 MapReduce 计算框架。

2. HCatalog 和 WebHCat

（1）HCatalog

HCatalog 是 Hadoop 中的表和存储管理层,能够支持用户用不同的工具（Pig、MapReduce）更容易地表格化读写数据,其底层依赖于 Hive Metastore,执行过程中会创建一个 Hive MetaStore Client。HCatalog 通过 Hive 提供的 HiveMeta Store Client 对象来间接访问 MetaStore,对外提供 HCatLoader、HCatInputFormat 来读取数据;提供 HCatStorer、HCatOutputFormat 来写入数据。

HCatalog 的表抽象向用户提供了 Hadoop 分布式文件系统（HDFS）中数据的关系视图,如图 5-2 所示,并确保用户不必担心数据存储在哪里或以什么格式存储。

HCatalog 支持读写任意格式的 SerDe（序列化——反序列化）文件。默认情况下,HCatalog 支持 RCFile、CSV、JSON 和 SequenceFile 以及 ORC 文件格式。

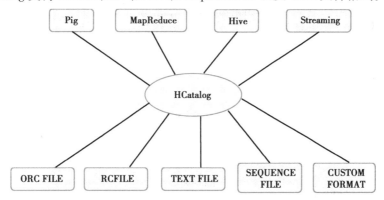

图 5-2　HCatalog 架构图

（2）WebHCat

WebHCat 是 HCatalog 的 REST（Representational State Transfer,表现状态传输）接口,曾经也被称为 Templeton,它可以使用户能够通过安全的 HTTPS 协议执行操

作,如图5-3所示。用户通过WebHCat访问Hadoop MapReduce(或YARN)、Pig(A-pache 的大型数据集分析平台)、Hive 和 HCatalog DDL(Data Definition Language,数据库模式定义语言)。WebHCat 所使用的数据和代码在 HDFS 中维护,执行操作时需从 HDFS 中读取。HCatalog DLL 命令在接收请求时直接执行;MapReduce、Pig 和 Hive 作业则由 WebHCat(Templeton)服务器排队执行,可以根据需要监控或停止。用户在 HDFS 中指定应该将 Pig、Hive 和 MapReduce 结果放到其中的位置。

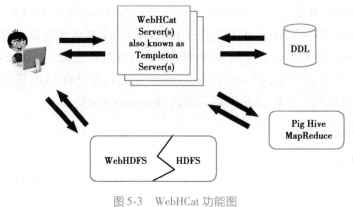

图 5-3　WebHCat 功能图

二、Hive 的数据存储模型

Hive 中所有的数据都存储在 HDFS 中,它包含数据库(Database)、表(Table)、分区表(Partition)和桶表(Bucket) 4 种数据类型,其模型如图5-4所示。

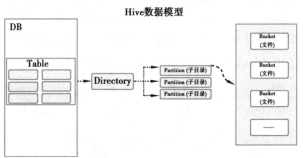

图 5-4　Hive 数据模型

Hive 中的数据库(Database)相当于关系型数据库中的命名空间,作用是将数据库应用隔离到不同的数据库模式中。

Hive 中的表由存储的数据以及描述表的一些元数据组成,操作方式与 MySQL 数据库相似。表可以进行过滤、投影、连接和联合等操作,表数据存储在分布式文件系统 HDFS 的目录中,而元数据则存储在关系型数据库中,实现了数据与元数据的分离存储。

Hive 的分区并非传统关系型数据库中的分区,以传统关系型数据库中的 Oracle 为例,分区独立存在于字段里,里面存储真实的数据,在数据进行插入的时候自动分配分区。由于 Hive 实际是存储在 HDFS 上的抽象,Hive 的一个分区名对应一个目录名,子分区名就是子目录名,并不是一个实际字段。Hive 按照数据表的某列或某些列分为多个区,区从形式上看是文件夹(HDFS 里的文件夹)。

相较于分区,分桶的粒度更小,而且与分区不同的是,分区是人为设定分区字段,建立一个用于管理的"伪列",而分桶是按照某列的属性值的 Hash 计算结果进行分区。

1. Hive 表

Hive 中的表可分为两种,分别为托管表和外部表,托管表又称为内部表。默认情况下创建的表就是内部表,Hive 拥有该表的结构和文件。即 Hive 完全管理表(元数据和数据)的生命周期,类似于 RDBMS 中的表。当删除内部表时,它会删除数据以及表的元数据。外部表中的数据不是 Hive 拥有或管理的,只管理表元数据的生命周期。要创建一个外部表,需要使用 EXTERNAL 语法关键字。删除外部表只会删除元数据,而不会删除实际数据,在 Hive 外部仍然可以访问。

无论内部表还是外部表,Hive 都在 Hive Metastore 中管理表定义及其分区信息。删除内部表会从 Metastore 中删除表元数据,还会从 HDFS 中删除其所有数据、文件。删除外部表,只会从 Metastore 中删除表的元数据,并保持 HDFS 位置中的实际数据不变。

对于 Hive 表的选择取决于用户对数据的处理方式,如果一个数据集的数据处理操作都由 Hive 完成,或者当需要使用桶时,则必须使用托管表。如果需要用 Hive 和其他工具一起处理同一个数据集,或者需要将同一个数据集组织成不同的表,则使用外部表。

2. Hive 分区

当 Hive 表对应的数据量大、文件多时,为了避免查询时全表扫描数据,Hive 支持根据用户指定的字段进行分区,分区的字段可以是日期、地域、种类等具有标识意义的字段,分区字段不能是表中已经存在的字段,分区表的关键字为 PARTITIONED BY。

Hive 分区分为静态分区 SP(static partition)和动态分区 DP(dynamic partition)两种。所谓的静态分区指的是分区的字段值是由用户在加载数据的时候手动指定的;动态分区指的是分区的字段值是基于查询结果自动推断出来的。静态分区与动态分区的主要区别在于静态分区是手动指定,而动态分区是通过数据来进行判断。详细来说,静态分区的列是在编译时期,通过用户传递来决定的;动态分区只有在 SQL 执行时才能决定。

在使用 Hive 分区时需注意以下五点:

①分区表不是建表的必要语法规则,是一种优化手段,可选。

②分区字段不能是表中已有的字段,不能重复。

③分区字段是虚拟字段,其数据并不存储在底层的文件中。

④分区字段值的确定来自于用户价值数据手动指定(静态分区)或者根据查询结果位置自动推断(动态分区)。

⑤Hive 支持多重分区,也就是说在分区的基础上继续分区,划分更加细粒度。

3. Hive 分桶

Hive 可以对每一个表或者分区,进一步组织成桶,也就是说桶是更为细粒度的数据范围划分方式。桶是为了优化查询而设计的表类型。该功能可以让数据分解为若干个部分,易于管理。需要注意的是,分桶的字段必须是表中已经存在的字段,即针对表的某一列进行分桶。Hive 采用对表的列值进行哈希计算,然后除以桶的个数求余的方式决定该条记录存放在哪个桶中(分桶的好处是可以获得更高的查询处理效率,使取样更高效)。

每个桶只是表目录或者分区目录下的一个文件,如果表不是分区表,那么桶文件会存储在表目录下,如果表是分区表,那么桶文件会存储在分区目录下。所以用户可以选择把分区分成 n 个桶,那么每个分区目录下就会有 n 个文件。

与非分桶表相比,分桶表提供了高效采样。通过采样,用户可以尝试对一小部分数据进行查询,以便在原始数据集非常庞大时进行测试和调试。由于数据文件的大小几乎是一样的,Map 端的 Join 在分桶表上执行的速度会比分区表快很多。在做 Map 端 Join 时,处理左侧表的 Map 知道要匹配右表的行在相关的桶中,因此只需要检索该桶即可,并且分桶表查询速度快于非分桶表。分桶还具有灵活性,可以使每个桶中的记录按一列或多列进行排序,这使得 Map 端 Join 更加高效,因为每个桶之间的 Join 变为更加高效的合并排序(merge-sort)。

任务检测

老张为了考查小王对 Hive 架构与 Hive 数据存储模型的知识掌握得是否牢固,让小王完成以下练习:

1. 下列组件中不属于 Hive 架构的是(　　　)。

　　A. MySQL

　　B. TaskManager

　　C. HDFS

　　D. Client

2. 下列关于 Hive 数据模型的描述正确的是(　　　)。

　　A. Hive 的元数据存储在 HDFS 中

　　B. Hive 的数据模型只包含表和分区

　　C. Hive 的默认分隔符是 ^A(\001),使用的是 UTF-8 的编码

　　D. Hive 中的桶一般是以文件的形式存在的

3. 分区表和分桶表的区别是什么?

【任务三】完成 Hive 应用实践

任务描述

　　为小王打好理论基础的底子后,老张便带着小王开始 Hive 的应用实践操作,并根据情况为小王补充新的知识,其中包括了 Hive 环境搭建、HiveQL 编程、Hive 数据加载。

知识学习

一、Hive 环境搭建

Hive 环境搭建步骤。

①下载对应版本 Hive 的安装包。

下载地址:http://arcHive. apache. org/dist/

②使用 tar 命令解压安装包,并使用 mv 命令对解压后的文件夹进行重命名。

tar -zxvf apache-Hive-2. 3. 2-bin. tar. gz -C .. /modul/

mv apache-Hive-2. 3. 2-bin/ Hive-2. 3. 2

③在环境变量文件/etc/profile 中配置 Hive。

vi /etc/profile

#添加如下内容

export HIVE_HOME =/usr/local/modul/Hive-2. 3. 2

export PATH = $PATH: $HIVE_HOME/bin

④重新加载环境变量。

source /etc/profile

⑤进入 Hive 目录下,初始化 Hive 自带的内存数据库 derby。

bin/schematool −initSchema −dbType derby

⑥在 Hive 目录下启动 Hive(确保 Hadoop 集群已正常启动)。

bin/Hive

如果正常进入 Hive 命令行界面,则 Hive 部署已成功完成。Hive 可以与关系型数据库集成,接下来就开始进行 Hive 和 MySQL 集成。

⑦配置 Hive 核心文件 conf/Hive-env.sh。

拷贝 Hive-env.sh.template 并将其重命名为 Hive-env.sh

cp conf/Hive-env.sh.template conf/Hive-env.sh

vi conf/Hive-env.sh

#添加如下内容

export HADOOP_HOME=/usr/local/modul/hadoop−2.7.3

⑧创建 conf/Hive-site.xml 文件并配置 Metastore 信息。

vi conf/Hive-site.xml

#添加如下内容

```xml
<? xml version="1.0" encoding="UTF-8"? >
<configuration>
    <! --需要登录 MySQL 数据库,创建一个 Hive 数据库备用-->
    <property>
    <name>javax.jdo.option.ConnectionURL</name>
    <value>jdbc:mysql://hadoop1:3306/Hive? createDatabaseIfNotExist=true&amp;
useSSL=false</value>
    </property>

    <! --安装 MySQL 数据库的驱动类-->
    <property>
    <name>javax.jdo.option.ConnectionDriverName</name>
    <value>com.mysql.jdbc.Driver</value>
    </property>
```

```
<! --安装 MySQL 数据库的名称登录用户名-->
<property>
<name>javax. jdo. option. ConnectionUserName</name>
<value>root</value>
</property>


<! --安装 MySQL 数据库的密码-->
<property>
<name>javax. jdo. option. ConnectionPassword</name>
<value>123456</value>
</property>


<! --cli 显示表头和列名-->
<property>
<name>Hive. cli. print. header</name>
<value>true</value>
</property>
<property>
<name>Hive. cli. print. current. db</name>
<value>true</value>
</property>
</configuration>
```

注意:配置文件顶行不要有空行。

⑨拷贝数据库驱动包到 Hive 的 lib 目录中。

```
cp /usr/local/software/mysql-connector-java-5. 1. 34. jar lib/
```

⑩对 MySQL 进行初始化。

```
bin/schematool -initSchema -dbType mysql
```

⑪启动 Hive。

```
bin/Hive
```

⑫创建 wise_db 库。

```
create database wise_db;
```

⑬查看 HDFS 系统中是否产生了一个 wise_db. db 数据库文件。

```
hdfs dfs -ls /user/Hive/warehouse
```

⑭进入 HDFS 的 Web 端来查看一下 Hive 的仓库,如图 5-5 所示。

http://192.168.1.5:50070 或 http://hadoop1:50070
Utilities->Browse the file system->

Browse Directory

| /user/hive/warehouse | | | | | | | | Go! |

Permission	Owner	Group	Size	Last Modified	Replication	Block Size	Name
drwxr-xr-x	root	supergroup	0 B	2022/4/12 21:49:44	0	0 B	wise_db.db

图 5-5　WEB 端查看 Hive 仓库

二、HiveQL 编程

HiveQL 是 Hive 查询语言,和普遍使用的所有 SQL 方言一样,它不完全遵守任何一种 ANSI SQL 标准的修订版。HiveQL 可能和 MySQL 的方言最接近,但是两者还是存在显著性差异的。Hive 不支持行级插入操作、更新操作和删除操作。Hive 不支持事务,Hive 增加了在 Hadoop 背景下可以提供更高性能的扩展,以及一些个性化的扩展,甚至还增加了一些外部程序。

正确启动集群环境后,在终端上运行"beeline"命令,登录到 Hive 的命令行界面环境。

注意:beeline 是 HiveServer2 版本提供的新的命令行工具,在 HiveServer2 之前的版本命令行工具为"Hive"。

```
# beeline
>
```

如上面所示,运行完 beeline 后就登录到 HiveQL 的 CLI 操作界面。

用户可通过 HiveQL 对数据库和表进行操作,HiveQL 常见命令换作如表 5-2 所示。

表 5-2　HiveQL 常用命令操作

命令组名称	命令操作
DDL——数据定义语言	CREATE DATABASE/SCHEMA, TABLE, VIEW, FUNCTION, INDEX DROP DATABASE/SCHEMA, TABLE, VIEW, INDEX TRUNCATE TABLE ALTER DATABASE/SCHEMA, TABLE, VIEW MSCK REPAIR TABLE (or ALTER TABLE RECOVER PARTITIONS) SHOW DATABASES/SCHEMAS, TABLES, TBLPROPERTIES, VIEWS, PARTITIONS, FUNCTIONS, INDEX[ES], COLUMNS, CREATE TABLE DESCRIBE DATABASE/SCHEMA, table_name, view_name

命令组名称	命令操作
DML——数据管理语言	LOAD INSERT：into Hive tables from queries；into directories from queries；into Hive tables from SQL UPDATE DELETE MERGE
DQL——数据查询语言	WHERE Clause ALL and DISTINCT Clauses Partition Based Queries HAVING Clause LIMIT Clause REGEX Column Specification
DQL——数据查询语言	More Select Syntax：GROUP BY；SORT/ORDER/CLUSTER/DISTRIBUTE BY；JOIN（Hive Joins，Join Optimization，Outer Join Behavior）；UNION；TABLESAMPLE；Subqueries；Virtual Columns；Operators and UDFs；LATERAL VIEW；Windowing，OVER，and Analytics；Common Table Expressions
Joins——连接	Inner join Outer join Semi join Map join

1.数据库操作

（1）数据库创建

CREATE DATABASE［IF NOT EXISTS］database_name
　［COMMENT database_comment］
　［LOCATION hdfs_path］
　［WITH DBPROPERTIES（property_name＝property_value，…）］；

其中字段解释如表5-3所示。

表5-3　Hive 创建数据库字段解释

字段	解释
DATABASE/SCHEMA	数据库创建关键字段,二者必任选其一

续表

字段	解释
IF NOT EXISTS	用于判断数据库是否存在,存在则不创建,不存在才会创建,可选项
COMMENT	表示数据库的描述字段,可选项
LOCATION	表示数据存储的位置,可选项
WITH DBPROPERTIES	数据库的属性值,可选项

Hive 中数据库的概念本质上仅仅是表的一个目录或者命名空间,然而,对于具有很多组和用户的大集群来说,这是非常有用的,因为这样可以避免表命名冲突。如果用户没有指定数据库,那么将会使用默认的数据库 default。

例如:

```
Hive> CREATE DATABASE financials;
```

如果数据库 financials 已经存在的话,那么将会抛出一个错误信息。使用如下语句可以避免在这种情况下抛出错误信息。

```
Hive> CREATE DATABASE IF NOT EXISTS financials;
```

虽然通常情况下用户还是期望在同名数据库已经存在的情况下能够抛出警告信息,但是 IF NOT EXISTS 这个子段对于那些在继续执行之前需要实时创建数据库的情况来说是非常有用的。

(2)删除数据库

```
DROP DATABASE [IF EXISTS] database_name;
```

其中,IF EXISTS 字段是可选项,表示忽略因 database_name 不存在的报错信息。如果该数据不是一个空的数据库,则需要删除数据库内的内容后方可删除,或者强制删除数据库(慎用)。

```
DROP (DATABASE|SCHEMA) database_name CASCADE;
```

例如:

```
>DROP DATABASE IF EXISTS financials;
```

(3)修改数据库

```
ALTER DATABASE database_name SET DBPROPERTIES (property_name =
property_value, …);
```

用户可以使用 ALTER DATABASE 命令为某个数据库的 DBPROPERTIES 设置键值对属性值,来描述这个数据库的属性信息。数据库的其他元数据信息都是不可更改的,包括数据库名和数据库所在的目录位置:

```
Hive> ALTER DATABASE financials SET DBPROPERTIES ('edited-by' = 'Joe
Dba');
```

(4)数据库切换

USE database_name；

USE 语句用于设置当前数据库。要恢复到默认数据库,可以使用“DEFAULT”关键字。

Hive> USE DEFAULT；

查看当前正在使用哪个数据库,可以使用语句:

SELECT current_database( )

2. 表操作

(1)创建表

CREATE［TEMPORARY］［EXTERNAL］TABLE［IF NOT EXISTS］［db_name.］
table_name
(
   col_name data_type［column_constraint_specification］［COMMENT col_com-
ment］,
   col_name data_type［column_constraint_specification］［COMMENT col_com-
ment］,
   col_name data_type［column_constraint_specification］［COMMENT col_com-
ment］,
   col_name data_type［column_constraint_specification］［COMMENT col_com-
ment］,
   ……
   col_name data_type［column_constraint_specification］［COMMENT col_com-
ment］
)
  ［COMMENT table_comment］
  ［PARTITIONED BY (col_name data_type …)］
  ［CLUSTERED BY (col_name, col_name, …)］
  ［SORTED BY (col_name［ASC|DESC］, …)］INTO num_buckets BUCKETS］
  ［SKEWED BY (col_name, col_name, …)
  ON ((col_value, col_value, …),
  (col_value, col_value, …), …)
  ［STORED AS DIRECTORIES］
  ［ROW FORMAT row_format］

```
| row format delimited fileds terminated by
| lines terminated by
[STORED AS file_format]
| STORED BY 'storage. handler. class. name' [WITH SERDEPROPERTIES (…)]
[LOCATION hdfs_path]
[TBLPROPERTIES (property_name=property_value, …)]
[AS select_statement];
```

其中字段解释见表5-4。

表 5-4　Hive 建表字段解释

字段	解释
CREATE TABLE	创建一个指定名字的表,必选
EXTERNAL	让用户创建一个外部表,在建表的同时可以指定一个指向实际数据的路径(LOCATION),可选项
TEMPORARY	让用户创建一个临时表,可选项
IF NOT EXISTS	用于判断数据表是否存在,存在则不创建,不存在才会创建,可选项
db_name.	数据表所属数据库名,可选项
column_constraint_specification	列约束规范,可选项
COMMENT	为表和列添加注释,可选项
PARTITIONED BY	创建分区表,可选项
CLUSTERED BY	创建分桶表,可选项
SORTED BY	对桶中的一个或多个列进行排序,可选项
SKEWED BY ON STORED AS DIRECTORIES	创建一个倾斜表,为所有分区创建倾斜信息,可选项
ROW FORMAT	配置单元行格式,可选项
STORED AS	指定存储文件类型,可选项
LOCATION	指定表在 HDFS 上的存储位置,可选项
TBLPROPERTIES	表属性设定,可选项
AS	根据查询结果创建表,可选项

例如：

```
CREATE TABLE IF NOT EXISTS mydb. employees，(
    name    STRING COMMENT 'Employee name'
    salary    FLOAT COMMENT 'Employee salary' ，
    subordinates    ARRAY<STRING> COMMENT 'Names of subordinates' ，
    deductions    MAP<STRING，FLOAT>
    COMMENT 'Keys are deductions names，values are percentages' ，
    address    STRUCT<street:STRING，city:STRING，state:STRING，zip:INT>
COMMENT 'Home address' )
COMMENT 'Description of the table'
TBLPROPERTIES ('creator' ='me'，'created_at' ='2012-01-02 10:00:00'，…)
LOCATION '/user/Hive/warehouse/mydb. db/employees' ;
```

　　如果用户当前所处的数据库并非目标数据库，那么用户可以在表名前增加一个数据库名来进行指定，也就是例子中的 mydb。如果用户增加可选项 IF NOT EX-ITS，那么若表已经存在了，Hive 就会忽略掉后面的执行语句，而且不会有任何提示，在那些第一次执行时需要创建表的脚本中，这么写是非常有用的。用户可以在字段类型后为每个字段增加一个注释，和数据库一样，用户也可以为这个表本身添加一个注释，还可以自定义一个或多个表属性。大多数情况下，TBLPROPERTIES 的主要作用是按键值对的格式为表增加额外的文档说明。但是，当我们检查 Hive 和像 DymamoDB 这样的数据库间的集成时，可以发现 TBLPROPERTIES 还可用作表示关于数据库连接的必要的元数据信息。最后，可以看到我们可以根据情况为表中的数据指定一个存储路径（和元数据截然不同的是，元数据总是会保存这个路径）。在这个例子中，我们使用的 Hive 将会使用的默认路径/user/Hive/warehouse/mydb. db/employees。其中，/user/Hive/warehouse 是默认的"数据仓库"路径地址，mydb. db 是数据库目录，employees 是表目录。默认情况下，Hive 总是将创建的表的目录放置在这个表所属的数据库目录之后。不过，default 数据库是个例外，其在/user/Hive/warehouse 下并没有对应一个数据库目录，因此 default 数据库中的表目录会直接位于/user/Hive/warehouse 目录之后。为了避免潜在产生混淆的可能，且用户不想使用默认的表路径，那么最好是使用外部表。

　　例如：

```
CREATE EXTERNAL TABLE IF NOT EXISTS stocks (
    exchange    STRING,
    symbol    STRING,
    ymd    STRING,
    price_open    FLOAT,
    price_high    FLOAT,
    price_low    FLOAT,
```

```
price_close    FLOAT,
volume    INT,
price_adj_close FLOAT)
```
ROW FORMAT DELIMITED FIELDS TERMINATED BY ','
LOCATION '/data/stocks';

关键字 EXTENAL 告诉 Hive 这个表是外部的,而后面的 LOCATION…子句则用于告诉 Hive 数据位于哪个路径下。因为表是外部的,所以 Hive 并非认为其完全拥有这份数据,删除该表并不会删除掉这份数据,不过描述表的元数据信息会被删除掉。内部表和外部表有一些小小的区别:有些 HiveQL 语法结构并不适用于外部表。

（2）删除表

DROP（DATABASE|SCHEMA）[IF EXISTS] database_name [RESTRICT|CASCADE];

可以选择是否使用 IF EXITST 关键字,如果没有使用这个关键字而且表并不存在的话,那么将会抛出一个错误信息。对于管理表,表的元数据信息和表内的数据都会被删除。

例如:

DROP TABLE IF EXISTS employees;

对于外部表,表的元数据信息会被删除,但是表中的数据不会被删除。

（3）修改表

ALTER TABLE table_name [RENAME TO new_name|ADD COLUMNS（col_spec[, col_spec …]）|DROP [COLUMN] column_name|CHANGE column_name new_name new_type|REPLACE COLUMNS（col_spec[, col_spec …]）]

大多数的表属性可以通过 ALTER TABLE 语句来进行修改,这种操作会修改元数据,但不会修改数据本身。这些语句可用于修改表模式中出现的错误、改变分区路径,以及其他一些操作。ALTER TABLE 仅仅会修改表元数据,表数据本身不会有任何修改,需要用户自己确认所有的修改都和真实的数据一致。

使用以下这个语句可以将表 log_messages 重命名为 logmsgs:

ALTER TABLE log_messages RENAME TO logmsgs;

用户可以增加附加的表属性或者修改已经存在的属性,但是无法删除属性:

ALTER TABLE log_messages SET TBLPROPERTIES (
    'notes' = 'The process id is no longer captured; this column is always NULL');

下面这个语句将一个分区的存储格式修改成了 SEQUENCE FILE:

ALTER TABLE log_messages
PARTITION(year = 2012, month = 1, day = 1)
SET FILEFORMAT SEQUENCEFILE;

如果表是分区表,那么需要使用 PARTITION 子句,用户可以在分区字段之前增加新的字段到已有的字段之后。

```
ALTER TABLE log_messages ADD COLUMNS (
    app_name    STRING COMMENT ' Application name' ,
    session_id LONG    COMMENT ' The current session id' ) ;
```

COMMENT 子句和通常一样,是可选的。如果新增的字段中有某个或多个字段位置是错误的,那么需要使用 ALTER COLUMN 表名和 CHANGE COLUMN 语句逐一将字段调整到正确的位置。

3.查询

(1)查询所有

```
SHOW DATABASES [ LIKE ' identifier_with_wildcards' ] ;
```

SHOW DATABASES 命令可以查询所有数据库,LIKE 为可选项,类似于 MySQL 中的 like 子句,以下是查看以 h 开头的所有数据库的示例:

```
Hive> show databases like ' h. *'
```

SHOW 命令除了查看库外还可以查看表,具体语法如下:

```
SHOW TABLES [ IN database_name ] [ LIKE ' identifier_with_wildcards' ] ;
```

IN 为可选项,后跟着需查看的数据库名,以下为查看 financials 库下以 v 开头的所有表:

```
Hive> show tables in financials like ' v. *' ;
```

(2)SELECT 查询

```
[ WITH CommonTableExpression ( , CommonTableExpression) * ]
SELECT [ ALL | DISTINCT] select_expr, select_expr, ...
    FROM table_reference
    [ WHERE where_condition ]
    [ GROUP BY col_list ]
    [ ORDER BY col_list ]
    [ CLUSTER BY col_list
    | [ DISTRIBUTE BY col_list] [ SORT BY col_list]
    ]
[ LIMIT [ offset, ] rows ]
```

以下为一些常用的语句:

```
SELECT * FROM sales WHERE amount > 10 AND region = "US"
```

WHERE 语句主要用于条件判断,此处为从表 sales 中查询 amount>10 且 region = US 的记录。

```
SELECT dateincompany, sum(money) AS mm FROM employee GROUP BY DateIn-
Company HAVING mm>3;
```

GROUP BY 指的是通过一定的规则(DateInCompany)将一个数据集划分成若
干个小的数据集,然后针对若干个小的数据集进行数据处理(select),配合聚合函
数,就可以对数据进行分组。经过 GROUP BY 分组的数据,如果要进行过滤,可以
使用 HAVING 对满足条件(mm>3)的分组进行过滤。

三、加载数据到 Hive

假定一张用于管理学生成绩信息数据表需导入 Hive 中,具体信息见表5-5。

表5-5　学生成绩表

ID	Name	Chinese	English	Math	School	Class
001	zhangsan	99	98	100	school1	class1
002	lisi	59	89	79	school2	class1
003	wangwu	89	99	100	school3	class1
004	zhangsan2	99	98	100	school1	class1
005	lisi2	59	89	79	school2	class1
006	wangwu2	89	99	100	school3	class1

1.数据准备

①将准备好的学生成绩信息数据 score. txt 上传到 HDFS 的/tmp 目录下。

```
hdfs dfs -put score. txt /tmp/
```

```
score. txt 内容如下
0001,zhangsan,99,98,100,school1,class1
0002,lisi,59,89,79,school2,class1
0003,wangwu,89,99,100,school3,class1
0004,zhangsan2,99,98,100,school1,class1
0005,lisi2,59,89,79,school2,class1
0006,wangwu2,89,99,100,school3,class1
```

②在 Hive 创建 score1 表。

```
create table score1
(id string comment 'ID',
name string comment 'name',
Chinese double comment 'Chinese',
English double comment 'English',
```

```
math double comment ' math ' ,
school string comment ' school ' ,
class string comment ' class ' )
comment ' score1 '
row format delimited fields terminated by ' , '
stored as textfile;
```

③创建一张分区表 score。

```
create table score
( id string comment ' ID ' ,
name string comment ' name ' ,
Chinese double comment ' Chinese ' ,
English double comment ' English ' ,
math double comment ' math ' )
comment ' score '
partitioned by( school string , class string)
row format delimited fields terminated by ' , '
stored as textfile;
```

2. 数据加载

使用 HiveQL 向 Hive 表中插入数据共有三种方式,分别为 LOAD 加载、INSERT 插入和 CREATE…AS 操作。下面将分别展示三种数据加载方式的使用。

(1)LOAD 加载

```
#基本语法
LOAD DATA [ LOCAL ] INPATH ' filepath ' [ OVERWRITE ] INTO TABLE
tablename [ PARTITION ( partcol1 = val1 , partcol2 = val2 …) ]
```

LOCAL 为可选项,表示从本地文件系统加载文件数据,如果不加默认则从 HDFS 文件系统加载文件数据;OVERWRITE 为可选项,它将以覆盖原数据的形式进行数据加载,即先删除原数据再加载新数据;PARTITION 指将 INPATH 中的所有数据加载到那个分区,并不会判断待加载的数据中每一条记录属于哪个分区。

注意:LOAD 完了之后,会自动把 INPATH 下面的原数据删掉,其实就是将 IN-PATH 下面的数据移动到/usr/Hive/warehouse 目录下了。

下面将演示 load 加载的具体操作:

```
#分区加载
load data inpath '/tmp/score. txt' into table score partition ( school = " school1 " , class
= " class1 " )
```

这时我们查看 score 表将发现数据形式如表 5-6 所示,两个分区字段都成了 school1 和 class1,而 Hive 的 score 表对应的 HDFS 文件依旧没变,因此 LOAD 命令的执行其实就是简单的 mv 操作。

表 5-6　score 表

ID	Name	Chinese	English	Math	School	Class
001	zhangsan	99	98	100	school1	class1
002	lisi	59	89	79	school1	class1
003	wangwu	89	99	100	school1	class1
004	zhangsan2	99	98	100	school1	class1
005	lisi2	59	89	79	school1	class1
006	wangwu2	89	99	100	school1	class1

如果要实现真正的分区加载则应该先 LOAD 加载到非分区表 score1。

```
load data inpath '/tmp/score. txt' into table score1;
```

然后 INSERT INTO 到分区表。

（2）INSERT 插入

```
#基本语法
INSERT INTO|OVERWRITE TABLE tablename1〔PARTITION（partcol1 = val1,
partcol2 = val2 …）〔IF NOT EXISTS〕〕select_statement1 FROM from_statement;
```

从 Hive 0.8 开始,Hive 开始支持 INSERT INTO 语句,它的作用是在一个表格里面追加数据。INSERT OVERWRITE 与 INSERT INTO 操作类似,但它会把分区数据先删除再进行插入。

将 score1 中的某个分区数据 INSERT 到 score 中：

```
insert overwrite table score partition（school = "school1",class = "class1"）select id,
name, Chinese, English, math from score1 where school = "school1" and class =
"class1";
insert overwrite table score partition（school = "school2",class = "class1"）select id,
name, Chinese, English, math from score1 where school = "school2" and class =
"class1";
insert overwrite table score partition（school = "school3",class = "class1"）select id,
name, Chinese, English, math from score1 where school = "school3" and class =
"class1";
```

（3）CREATE…AS 操作

```
create table tablename as select select_expr,select_expr,… from table_reference
```

CREATE… AS 操作的实质是使用查询,创建并填充表,select 中选取的列名会作为新表的列名（所以通常是要取别名）。

```
create table score2 as select * from score
```

建完的 score2 表我们发现并没有分区,因此,CREATE···AS 不能复制分区表。

📖 任务检测

老张为了考查小王对 Hive 搭建和 HiveQL 的知识掌握得是否牢固,让小王完成以下练习:

1. 关于 Hive 和 SQL 的对比,下列说法正确的是(　　)。
   A. Hive 不支持索引　　　　　　B. SQL 不支持数据更新
   C. Hive 扩展性好　　　　　　　D. SQL 执行延迟高
2. 如何将 Hive 中的 person_inside 表数据导入到 HDFS 的/Hivedb 目录下。

📖 项目小结

Hive 是基于 Hadoop 文件系统的数据仓库软件,是可管理和查询的大型分布式数据集。在本项目中,首先介绍了 Hive 的特性,介绍了 Hive 与传统数据仓库的区别,然后介绍了 Hive 的架构及数据模型,包含数据库、表、分区表和桶表的使用。最后介绍了 Hive 的应用实践,了解如何搭建 Hive 环境,如何在 Hive 中完成创建、删除、修改、查询等操作。

📖 项目实训

一、实训目的

读者通过实训能熟练掌握 Hive 环境搭建、核心配置文件修改;掌握包含建库、建表、数据导入、创建分区表、查询、统计、排序在内的基础 HiveQL 编程。

二、实训内容

1. 搭建 Hive 环境。
2. 在 Hive 中创建数据库 StudentDB。
3. 在 StudentDB 中创建 studnets 表,表结构如表 5-7 所示。

表 5-7　students 表结构

字段名	字段类型
id	int
name	string
gender	string
age	int
course_id	int
score	double
classes	string

4. 将数据 students_data. txt 导入 students 表中, students_data. txt 数据如下。

1001,Duthie,m,20,20221103,90,class1
1002,Biber,f,19,20221101,70,class2
1003,Morani,f,21,20221101,59,class3
1004,Maricela,f,20,20221103,49,class1
1005,Joakim,m,23,20221101,66,class2
1006,Pony,m,22,20221103,80,class3
1007,Fromme,f,18,20221101,92,class1
1008,Witzel,f,22,20221103,55,class2
1009,Fraiman,m,21,20221101,69,class1
1010,Bozarth,m,20,20221103,89,class2

5. 在 Hive 中创建 course 表，表结构如表 5-8 所示。

表 5-8　course 表结构

字段名	字段类型
course_id	int
course_name	string

6. 将数据 course. txt 导入 course 表, course. txt 数据如下。

20221101,Hive
20221102,Hadoop
20221103,Java
20221104,Python

7. 按照如下要求完成操作。

①创建动态分区表 students_dynamic, 以 classes 为分区字段。

②从 students 表导入数据到 students_dynamic。

③查询每个班的平均分数。

④查询 students 表中所有学生的姓名、分数。

⑤查询 students 表中成绩在 80 至 90 之间的记录的所有信息。

⑥查询 students 表中成绩在 60 以下的记录的姓名、课程编号(course_id)和分数。

⑦将 students 表中的所有记录先按分数降序排列, 当分数一样时, 再按姓名升序排列。

⑧统计 students 表中有多少门不同的课程。

⑨查询 Maricela 所选修课程的课程编号和分数。

⑩找出所有学生中, course_id 为 20221101 的课程和分数最高的同学。输出该同学的姓名、分数、课程名称、所在班级。

项目六
大数据数据转换（Sqoop）

    Sqoop 是 Apache 旗下的一款开源工具，开始于 2009 年，最早是作为 Hadoop 的一个第三方模块存在，后来为了让使用者能够快速部署，也为了让开发人员能够更快速地迭代开发，在 2013 年，独立成为 Apache 的一个顶级开源项目。Sqoop 主要用于在 Hadoop 和关系数据库或大型机之间传输数据，可以使用 Sqoop 工具将数据从关系数据库管理系统导入（import）到 Hadoop 分布式文件系统中，或者将 Hadoop 中的数据转换导出（export）到关系数据库管理系统。

    本项目以知识点拆分的形式向学生介绍 Sqoop 的基本知识，为学生深入学习 Sqoop 打好基础；通过对 Sqoop 与传统 ETL 的对比，培养学生理性对待事物、合理选择正确价值观的能力；通过对 Sqoop 环境搭建、Sqoop 数据迁移，培养学生勤奋求实、好学上进、勤学好问的良好学习态度和团队协作精神。

📶 学习目标

- 掌握 Sqoop 的数据迁入
- 了解 Sqoop 的功能与特性
- 掌握 Sqoop 的搭建
- 掌握 Sqoop 的数据迁出
- 了解 Sqoop 与传统 ETL 的区别

📶 学习情境

    为之前的客户搭建好 Hive 数据仓库后，客户提出希望帮忙完成数据迁移的请求，本着客户至上的原则，公司答应了客户的请求，并将这一任务交给了小王。小王虽然知道可以使用 Sqoop 完成数据迁移，但他对 Sqoop 并不熟悉，好在客户给的时间充裕,能让小王有时间去找老张学习包括 Sqoop 简单概述和实际操作在内的相应内容。

📡 学习地图

【任务一】学习 Sqoop 基础知识

📖 任务描述

Sqoop 主要用于在 Hadoop(Hive)与传统的数据库(MySQL、PostgreSQL...)间进行数据传递的一款开源工具。为了能深刻了解 Sqoop,小王决定让老张从 Sqoop 的功能与特性、Sqoop 与传统 ETL 的区别这两点入手为自己补充相关的 Sqoop 理论知识。

📖 知识学习

一、Sqoop 的功能与特性

1. Sqoop 的功能

Sqoop 主要用于在 Hadoop 和关系数据库或大型机之间传输数据,可以使用 Sqoop 工具将数据从关系数据库管理系统导入(import)到 Hadoop 分布式文件系统中,或者将 Hadoop 中的数据转换导出(Export)到关系数据库管理系统,其功能如图 6-1 所示。

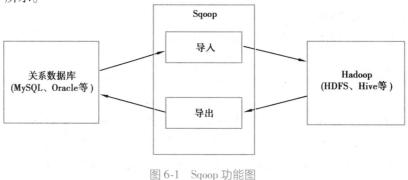

图 6-1 Sqoop 功能图

目前 Sqoop 主要分为 Sqoop1 和 Sqoop2 两个版本,其中,版本号为 1.4.x 属于 Sqoop1,而版本号为 1.99.x 的属于 Sqoop2。这两个版本开发时的定位方向不同,体系结构具有很大的差异,因此它们之间互不兼容。

Sqoop1 功能结构简单,部署方便,提供命令行操作方式,主要适用于系统服务管理人员进行简单的数据迁移操作;Sqoop2 功能完善、操作简便,同时支持多种访问模式(命令行操作、WEB 访问、Rest API),引入角色安全机制用于增加安全性等多种优点,但是结构复杂,配置部署更加烦琐。Sqoop1 和 Sqoop2 功能对比见表 6-1。

表 6-1　Sqoop1 和 Sqoop2 功能对比

功能	Sqoop1	Sqoop2
用于所有 RDBMS 的连接器	支持	不支持 解决办法：使用已在以下数据库上执行测试的通用 JDBC 连接器：Microsoft SQL Server、PostgreSQL、MySQL 和 Oracle。 此连接器应在任何其他符合 JDBC 要求的数据库上运行。但是,性能可能无法与 Sqoop 中的专用连接器相比
Kerberos 安全集成	支持	不支持
数据从 RDBMS 传输至 Hive 或 HBase	支持	不支持 解决办法：将数据从 RDBMS 导入 HDFS,在 Hive 中使用相应的工具和命令(例如 LOAD DATA 语句),再手动将数据载入 Hive 或 HBase
数据从 Hive 或 HBase 传输至 RDBMS	不支持 解决办法：从 Hive 或 HBase 将数据提取至 HDFS(作为文本或 Avro 文件),使用 Sqoop 将上一步的输出导出至 RDBMS	不支持 按照与 Sqoop1 相同的解决方法操作

（1）Sqoop 的原理

Sqoop 是传统关系数据库服务器与 Hadoop 间进行数据同步的工具,其底层利用 MapReduce 并行计算模型以批处理的方式加快了数据传输的速度,并且具有较好的容错性功能,工作流程如图 6-2 所示。

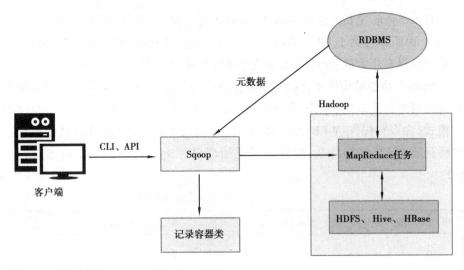

图 6-2　Sqoop 工作流程

从图 6-2 中可以看出,通过客户端 CLI(命令行界面)方式或 Java API 方式调用 Sqoop 工具,Sqoop 可以将指令转换为对应的 MapReduce 作业(通常只涉及 Map 任务,每个 Map 任务从数据库中读取一片数据,这样多个 Map 任务实现并发地复制,可以快速地将整个数据复制到 HDFS 上),然后将关系数据库和 Hadoop 中的数据进行相互转换,从而完成数据的迁移。

可以说,Sqoop 是关系数据库与 Hadoop 之间的数据桥梁,这个桥梁的重要组件是 Sqoop 连接器,它用于实现与各种关系数据库的连接,从而实现数据的导入和导出操作。

Sqoop 连接器能够支持大多数常用的关系数据库,如 MySQL、Oracle、DB2 和 SQL Server 等,同时它还有一个通用的 JDBC 连接器,用于连接支持 JDBC 协议的数据库。

(2)导入功能的原理

在导入数据之前,Sqoop 使用 JDBC 检查导入的数据表,检索出表中的所有列以及列的 SQL 数据类型,并将这些 SQL 类型映射为 Java 数据类型,在转换后的 MapReduce 应用中使用这些对应的 Java 类型来保存字段的值,Sqoop 的代码生成器使用这些信息来创建对应表的类,用于保存从表中抽取的记录。

(3)导出功能的原理

在导出数据之前,Sqoop 会根据数据库连接字符串来选择一个导出方法,对于大部分系统来说,Sqoop 会选择 JDBC。Sqoop 会根据目标表的定义生成一个 Java 类,这个生成的类能够从文本中解析出记录数据,并能够向表中插入类型合适的值,然后启动一个 MapReduce 作业,从 HDFS 中读取源数据文件,使用生成的类解析出记录,并且执行选定的导出方法。

除基本的导入导出功能外,Sqoop 还具有一系列通过指令实现的功能,见表 6-2。

表 6-2　Sqoop 指令

指令	指令解释
sqoop import	将关系型数据库表单导入 Hadoop 集群的 HDFS 中。在导入过程中可自动创建集群接收表,可处理空数据问题等
sqoop import-all-tables	将关系型数据库中,整库中所有表导入 Hadoop 集群。在导入过程中所有表必须有主键,只能导入所有表的所有列,所有表不能有 where 条件
sqoop export	将 Hadoop 集群数据导出至关系型数据库中。在导入和导出过程中可设置并发导出,但是不宜太大,有时数据库无法承受
sqoop job	job 指令可以为确认已导入或导出的指令创建一个别名。再次运行时,通过 sqoop job 指令运行别名即可,省略了大段的指令代码
sqoop metastore	可以将本地的 sqoop job 任务作为共享任务。远程机器可以通过 sqoop job -meat-connect 连接到开启共享的任务并执行,实现远程调用
sqoop list-databases	可查看连接下所有的数据库列表,方便确认连接源
sqoop list-tables	可查看连接下所有表的列表
sqoop eval	能够通过 eval 进行数据查询或者其他 DML 操作,可确认数据源的正确性
sqoop merge	可对已导入集群的同一表的不同数据块进行合并,确保数据为最新记录。大多情况下数据合并没有使用到 sqoop 的这个功能,基本都是自己写 SQL 来解决

2. Sqoop 的特性

Sqoop 用来在 Hadoop 和关系数据库之间传输数据,通过 Sqoop,用户可以方便地将数据从关系数据库(如 MySQL、Oracle、Postgres 等)导入 HDFS,或者将数据从 HDFS 导出关系数据库。导入的数据可以是数据库中的一个表,Sqoop 会一行行地将表的数据读入到 HDFS。Sqoop 可以控制导入的特定行范围或列范围,也可以指定使用的文件格式、分隔符或转移字符。Sqoop 具有以下特性:

(1)性能高

Sqoop 采用 MapReduce 完成数据的导入、导出,具备了 MapReduce 所具有的优点,包括并发度可控、容错性高、扩展性高等。

(2)自动进行类型转换

Sqoop 可读取数据源元信息,自动完成数据类型映射,用户也可根据需要自定义类型的映射关系。

（3）自动传播元信息

Sqoop 在数据发送端和接收端之间传递数据的同时，也会将元信息传递过去，保证接收端和发送端有一致的元信息。

（4）适用性高

通过 JDBC 接口和关系型数据库进行交互，理论上支持 JDBC 接口的数据库都可以使用 Sqoop 和 Hadoop 进行数据交互。

（5）使用简单

用户通过命令行的方式对 Sqoop 进行操作，一共只有 15 条命令。其中 13 条命令用于数据处理，操作简单，用户可以轻松地完成 Hadoop 与 RDBMS 的数据交互。

（6）支持大对象

很多数据库都支持 CLOB 或 BLOB 这类的大对象，Sqoop 将导入的大对象数据存储在 LobFile 格式的单独文件中，LobFile 格式能够存储非常大的单条记录。Lob-File 文件中的每条记录保存一个大对象。在导入一条记录时，所有的"正常"字段会在一个文本文件中一起物化，同时还生成一个指向保存 CLOB 或 BLOB 列的 LobFile 文件的引用。

（7）导出与事务

进程的并行特性，导致导出操作往往不是原子操作。Sqoop 会采用多个并行的任务导出，并且数据库系统使用固定大小的缓冲区来存储事务数据，这时一个任务中的所有操作不可能在一个事务中完成。因此，在导出操作进行的过程中，提交过的中间结果都是可见的。在导出过程完成前，不要启动那些使用导出结果的应用程序，否则这些应用会看到不完整的导出结果。

二、Sqoop 与传统 ETL 的区别

ETL 是英文 Extract-Transform-Load 的缩写，用来描述将数据从来源端经过抽取（Extract）、转换（Transform）、加载（Load）至目的端的过程。ETL 是将业务系统的数据经过抽取、清洗转换之后加载到数据仓库的过程，目的是将企业中的分散、零乱、标准不统一的数据整合到一起，为企业的决策提供分析依据，ETL 是构建数据仓库的重要一环。

传统的 ETL 工具有：Informatica、DataStage、OWB、微软 DTS、Beeload、Kettle 等。

Sqoop 用于 Hadoop 大数据平台与关系型数据库之间的数据转移，对 Hadoop 平台的兼容性以及大规模数据集的处理能力要优于传统 ETL 工具。Sqoop 与传统 ETL 工具的区别如表 6-3 所示。

表 6-3　Sqoop 与传统 ETL 的区别

对比项	Sqoop	传统 ETL 工具
对应的名词解释	Sqoop 是一个用来将 Hadoop 和关系型数据库中的数据相互转移的开源工具,可以将一个关系型数据库(例如:MySQL,Oracle 等)中的数据导入 Hadoop 的 HDFS 中,也可以将 HDFS 的数据导入关系型数据库中	负责数据仓库的数据抽取、转换和加载。ETL 负责将分布的异构数据源中的数据,如关系数据、平面数据文件等抽取到临时中间层后进行清洗、转换、集成,最后加载到数据仓库或数据集市中,成为联机分析处理、数据挖掘的基础
数据抽取的特征比较	Sqoop 主要是通过 JDBC 和关系数据库进行类推交互。理论上支持 JDBC 的 database 都可以使 Sqoop 和 HDFS 进行数据交互,是为 Hadoop 的大数据体系提供数据的工具	ETL 工具经过多年的发展,已经形成了多个相对成熟的产品体系,其服务对象主要是传统的数据仓库体系,ETL 工具的典型代表有:Informatica、Datastage、OWB、微软 DTS 等
与 Hadoop 体系的集成	Sqoop 工具属于 Hadoop 体系中的一个子项目,整合了 Hadoop 的 Hive 和 HBase 等,抽取的数据可以直接传输至 Hive 中,且无须做复杂的开发编程等工作	对于 Hadoop 体系来说,ETL 工具属于外部工具,如果需要将数据抽取至 Hadoop 的 Hive 中,则需要进行相应的技术开发工作,开发与 Hive 的相关接口,以打通与 Hive 数据的传输
数据抽取容错性比较	对于数据抽取过程中产生的错误或者数据遗漏,可以通过捕获错误日志类进行错误收集和分析;人机操作界面没有 ETL 工具的可操作性和可视性高,需要技术人员编程进而实现日志分析	对于传统的数据仓库来说,ETL 工具经过多年的发展已经比较成熟,人机交互的可操作性和可视性较高,对于数据抽取过程中出现的错误可以直接查看,不需要太多的编程开发
产品的价格比较	属于开源项目,不需要软件使用的许可费用,企业可以免费使用	企业需要每年交纳 ETL 产品相关的使用许可费用

📖 任务检测

老张为了考查小王对 Sqoop 的功能特性以及 Sqoop 与传统 ETL 的区别的知识是否掌握牢固,让小王完成以下练习:

1.下列选项中,哪个是用来将 Hadoop 和关系型数据库中的数据相互转移的工具(　　)。

A. Zookeeper   B. Sqoop

C. HIVE   D. Spark

2. 下列对 Sqoop 的描述正确的是(　　　)。

　　A. Sqoop 可以将数据从 MySQL 转储到 HDFS 上

　　B. Sqoop 可以将数据从 HDFS 转储到 MySQL 上

　　C. Sqoop 可以将数据从 Hbase 转储到 HDFS 上

　　D. Sqoop 可以将数据从 HDFS 转储到 HBase 上

3. Hadoop 的生态系统组件之一的 Sqoop 的功能是(　　　)。

　　A. 提供高可靠性、高可用、分布式的海量日志采集

　　B. 用来存储非结构化和半结构化的松散数据

　　C. 负责集群资源调度管理的组件

　　D. 用来在 Hadoop 和关系数据库之间交换数据,改进数据的互操作性

4. 下列关于 Sqoop 的说法正确的是(　　　)。

　　A. 可以采集任何数据库的数据

　　B. 主要用来连接传统关系数据库和 Hadoop

　　C. 只能将数据导入 HDFS

　　D. 不能将数据导入 Hive

5. 下列对 Sqoop 的描述不正确的是(　　　)。

　　A. Sqoop 的底层实现是 MapReduce

　　B. Sqoop 主要采集关系型数据库中的数据,常用于离线计算批量处理

　　C. Sqoop 只支持从关系型数据库导入 HDFS,不支持从 HDFS 导入关系型数据库

　　D. Sqoop 脚本最终会变成提交到 YARN 上的一个个 map 任务

【任务二】完成 Sqoop 操作

任务描述

　　打好 Sqoop 理论知识基础后,小王就开始向老张求教 Sqoop 的一些具体操作,包括 Sqoop 环境搭建、Sqoop 迁移 MySQL 数据和 Sqoop 迁移 HDFS 数据等基础操作。

知识学习

一、Sqoop 环境搭建

1. Sqoop1 与 Sqoop2 优缺点对比

Sqoop 分为 Sqoop1 和 Sqoop2 两个版本,两者优缺点如表 6-4 所示。

表 6-4　Sqoop 与传统 ETL 区别

	Sqoop1	Sqoop2
优点	架构部署简单	多种交互方式、conncetor 集中化管理、所有的链接安装在 sqoop server 上、安全管理完善机制、connector 规范化、仅仅负责数据的读写
缺点	命令行方式容易出错； 格式紧耦合； 无法支持所有的数据类型； 安全机制不够完善(例如密码泄露)； 安装需要 root 权限； connector 必须符合 JDBC 模型	架构稍复杂、配置部署更烦琐

虽然 Sqoop2 优点比 Sqoop1 更多,但选择 Sqoop1 的人往往比选择 Sqoop2 的人更多。其理由如下：

①大部分企业还在使用 Sqoop1 版本。

②Sqoop1 能满足公司的基本需求。

③Sqoop2 功能还不是很成熟和完善。

④Sqoop 只是一个工具而已,对于工具,人们更倾向于选择简单方便的。

2. Sqoop 安装

①下载 Sqoop 安装包,并上传至 Linux 系统的/usr/local/software 目录下。

官网下载地址：http://archive.apache.org/dist/sqoop/

②解压安装包并将其重命名为 sqoop-1.4.7。

```
tar -zxvf sqoop-1.4.7.bin__hadoop-2.6.0.tar.gz -C ../modul/
mv sqoop-1.4.7.bin__hadoop-2.6.0/ sqoop-1.4.7
```

③将 MySQL 相关驱动拷贝到 Sqoop 的依赖库下。

```
cp ../software/mysql-connector-java-5.1.34.jar sqoop-1.4.7/lib/
```

④在环境变量配置文件/etc/profile 中添加 Sqoop 环境变量。

```
vi /etc/profile

#添加如下内容
export SQOOP_HOME=/usr/local/modul/sqoop-1.4.7
export PATH= $PATH：$SQOOP_HOME/bin
```

⑤重载环境变量。

```
source /etc/profile
```

⑥复制 sqoop-env-template. sh 文件并重命名为 sqoop-env. sh。

```
cp conf/sqoop-env-template. sh conf/sqoop-env. sh
```

⑦修改配置文件 sqoop-env. sh。

```
vi conf/sqoop-env. sh


#修改如下内容
export HADOOP_COMMON_HOME =/usr/local/modul/hadoop-2.7.3
export HADOOP_MAPRED_HOME =/usr/local/modul/hadoop-2.7.3
export HBASE_HOME =/usr/local/modul/hbase-2.1.1
export HIVE_HOME =/usr/local/modul/hive-2.3.2
export ZOOCFGDIR =/usr/local/modul/zookeeper-3.4.6
```

⑧测试安装是否成功,启动 Sqoop,执行 help 命令。

```
sqoop help
```

如果看见图 6-3 中的操作指令,则显示安装成功。

```
22/08/05 17:49:30 INFO sqoop.Sqoop: Running Sqoop version: 1.4.7
usage: sqoop COMMAND [ARGS]

Available commands:
  codegen            Generate code to interact with database records
  create-hive-table  Import a table definition into Hive
  eval               Evaluate a SQL statement and display the results
  export             Export an HDFS directory to a database table
  help               List available commands
  import             Import a table from a database to HDFS
  import-all-tables  Import tables from a database to HDFS
  import-mainframe   Import datasets from a mainframe server to HDFS
  job                Work with saved jobs
  list-databases     List available databases on a server
  list-tables        List available tables in a database
  merge              Merge results of incremental imports
  metastore          Run a standalone Sqoop metastore
  version            Display version information

See 'sqoop help COMMAND' for information on a specific command.
```

图 6-3　Sqoop 指令

如果不想看见警告信息,可以进行相关配置。

⑨配置 bin/configure-sqoop 文件,注销警告信息对应的相关语句。

```
vi bin/configure-sqoop


#注释以下内容
#if [ ! -d " ${HBASE_HOME}" ]; then
```

```
#   echo "Warning： $HBASE_HOME does not exist! HBase imports will fail."
#   echo 'Please set $HBASE_HOME to the root of your HBase installation.'
#fi

## Moved to be a runtime check in sqoop.
#if [ ! -d "${HCAT_HOME}" ]; then
#   echo "Warning： $HCAT_HOME does not exist! HCatalog jobs will fail."
#   echo 'Please set $HCAT_HOME to the root of your HCatalog installation.'
#fi

#if [ ! -d "${ACCUMULO_HOME}" ]; then
#   echo "Warning： $ACCUMULO_HOME does not exist! Accumulo imports will
fail."
#   echo 'Please set $ACCUMULO_HOME to the root of your Accumulo installation.'
#fi
#if [ ! -d "${ZOOKEEPER_HOME}" ]; then
#   echo "Warning： $ZOOKEEPER_HOME does not exist! Accumulo imports will
fail."
#   echo 'Please set $ZOOKEEPER_HOME to the root of your Zookeeper installa-
tion.'
#fi
```

⑩MySQL 连接测试。

```
sqoop list-databases --connect jdbc:mysql://127.0.0.1:3306/ --username root --
password 123456
```

二、Sqoop 迁移 MySQL 数据

1. MySQL 数据导入 HDFS

导出 MySQL 数据库中的 help_keyword 表到 HDFS 的/sqoop 目录下,如果导入目录已存在,则先删除再导入,使用 3 个 map tasks 并行导入。

```
sqoop import \
--connect jdbc:mysql://hadoop001:3306/mysql \
--username root \
--password root \
```

```
--table help_keyword \                    # 待导入的表
--delete-target-dir \                     # 目标目录存在则先删除
--target-dir /sqoop \                     # 导入的目标目录
--fields-terminated-by ' \t'  \           # 指定导出数据的分隔符
-m 3                                      # 指定并行执行的 map tasks 数量
```

注意：help_keyword 是 MySQL 内置的一张字典表，之后的示例均使用这张表。

日志输出如图 6-4 所示，可以看到输入数据被 split 平均为三份，分别由三个 map task 进行处理。数据默认以表的主键列作为拆分依据，如果你的表没有主键，有以下两种方案：

```
22/08/05 19:08:11 INFO db.DBInputFormat: Using read commited transaction isolation
22/08/05 19:08:11 INFO db.DataDrivenDBInputFormat: BoundingValsQuery: SELECT MIN(`help_keyword_id`), MAX(`help_keyword_id`) FROM `help_
22/08/05 19:08:11 INFO db.IntegerSplitter: Split size: 232; Num splits: 3 from: 0 to: 698
22/08/05 19:08:11 INFO mapreduce.JobSubmitter: number of splits:3
22/08/05 19:08:11 INFO mapreduce.JobSubmitter: Submitting tokens for job: job_1659693347218_0008
22/08/05 19:08:12 INFO impl.YarnClientImpl: Submitted application application_1659693347218_0008
22/08/05 19:08:12 INFO mapreduce.Job: The url to track the job: http://hadoop1:8088/proxy/application_1659693347218_0008/
22/08/05 19:08:12 INFO mapreduce.Job: Running job: job_1659693347218_0008
22/08/05 19:08:19 INFO mapreduce.Job: Job job_1659693347218_0008 running in uber mode : false
22/08/05 19:08:19 INFO mapreduce.Job:  map 0% reduce 0%
22/08/05 19:08:26 INFO mapreduce.Job:  map 67% reduce 0%
22/08/05 19:08:28 INFO mapreduce.Job:  map 100% reduce 0%
22/08/05 19:08:29 INFO mapreduce.Job: Job job_1659693347218_0008 completed successfully
22/08/05 19:08:29 INFO mapreduce.Job: Counters: 30
        File System Counters
                FILE: Number of bytes read=0
                FILE: Number of bytes written=420321
                FILE: Number of read operations=0
                FILE: Number of large read operations=0
                FILE: Number of write operations=0
                HDFS: Number of bytes read=383
                HDFS: Number of bytes written=9748
                HDFS: Number of read operations=12
                HDFS: Number of large read operations=0
                HDFS: Number of write operations=6
        Job Counters
                Launched map tasks=3
                Other local map tasks=3
                Total time spent by all maps in occupied slots (ms)=15614
                Total time spent by all reduces in occupied slots (ms)=0
                Total time spent by all map tasks (ms)=15614
                Total vcore-milliseconds taken by all map tasks=15614
                Total megabyte-milliseconds taken by all map tasks=15988736
        Map-Reduce Framework
                Map input records=699
                Map output records=699
                Input split bytes=383
                Spilled Records=0
                Failed Shuffles=0
```

图 6-4   日志输出

①添加 -- autoreset-to-one-mapper 参数，代表只启动一个 map task，即不并行执行。

②若仍希望并行执行，则可以使用 --split-by <column-name> 指明拆分数据的参考列。

为了验证查看是否导入成功，我们可以在 HDFS 中查看导入内容，如图 6-5 所示。

```
# 查看导入后的目录
hadoop fs -ls  -R /sqoop
  -rw-r--r--    3 root supergroup            0 2022-08-05 18:09 /sqoop/_SUCCESS
  -rw-r--r--    3 root supergroup         2806 2022-08-05 18:09 /sqoop/part-m-00000
  -rw-r--r--    3 root supergroup         3363 2022-08-05 18:09 /sqoop/part-m-00001
  -rw-r--r--    3 root supergroup         3579 2022-08-05 18:09 /sqoop/part-m-00002
```

图 6-5   HDFS 目录

查看 HDFS 导入目录,可以看到表中数据被分为 3 部分进行存储,这是由指定的并行度决定的,如图 6-6 所示。

```
# 查看导入内容
hadoop fs -text  /sqoop/part-m-00000
```

```
0          (JSON
1          ->
2          ->>
3          <>
4          ACCOUNT
5          ACTION
6          ADD
7          AES_DECRYPT
8          AES_ENCRYPT
9          AFTER
10         AGAINST
```

图 6-6　数据查看

2. MySQL 数据导入 Hive

Sqoop 导入数据到 Hive 是通过先将数据导入 HDFS 上的临时目录,然后再将数据从 HDFS 上 Load 到 Hive 中,最后将临时目录删除。可以使用 target-dir 来指定临时目录。

```
sqoop import \
    --connect jdbc:mysql://hadoop001:3306/mysql \
    --username root \
    --password root \
    --table help_keyword \        # 待导入的表
    --delete-target-dir \         # 如果临时目录存在删除
    --target-dir /sqoop_hive  \   # 临时目录位置
    --hive-database sqoop_test \  # 导入 Hive 的 sqoop_test 数据库,数据库需要
预先创建。不指定则默认为 default 库
    --hive-import \               # 导入 Hive
    --hive-overwrite \            # 如果 Hive 表中有数据则覆盖,这会清除表
中原有的数据,然后再写入
    -m 3                          # 并行度
```

注意:导入 Hive 中的 sqoop_test 数据库需要预先创建,不指定则默认使用 Hive 中的 default 库。

3. MySQL 数据导入 HBase

将 help_keyword 表中的数据导入 HBase 上的 help_keyword_hbase 表中,使用原表的主键 help_keyword_id 作为 RowKey,原表的所有列都会在 keywordInfo 列族下,

目前只支持全部导入一个列族下,不支持分别指定列族。

```
sqoop import \
    --connect jdbc:mysql://hadoop001:3306/mysql \
    --username root \
    --password root \
    --table help_keyword \                      # 待导入的表
    --hbase-table help_keyword_hbase \          # hbase 表名称,表需要预先创建
    --column-family keywordInfo \               # 所有列导入 keywordInfo 列族下
    --hbase-row-key help_keyword_id             # 使用原表的 help_keyword_id 作为
RowKey
```

注意:导入的 HBase 表需要预先创建,并且在执行命令前需要将 $ HIVE_
HOME/lib 目录下的 hbase-client-**.jar 和 hbase-protocol-**.jar 拷贝到
Sqoop 的 lib 目录下。

4. 全库导入

Sqoop 支持通过 import-all-tables 命令进行全库导出到 HDFS/Hive,但需要注
意有以下两个限制。

①所有表必须有主键,或者使用 --autoreset-to-one-mapper,代表只启动一个
map task。

②不能使用非默认的分割列,也不能通过 WHERE 子句添加任何限制。

全库导出到 HDFS。

```
sqoop import-all-tables \
    --connect jdbc:mysql://hadoop001:3306/数据库名 \
    --username root \
    --password root \
    --warehouse-dir  /sqoop_all \        # 每个表会单独导出到一个目录,需要用
此参数指明所有目录的父目录
    --fields-terminated-by ' \t' \   \
    -m 3
```

全库导出到 Hive。

```
sqoop import-all-tables -Dorg.apache.sqoop.splitter.allow_text_splitter=true \
    --connect jdbc:mysql://hadoop001:3306/数据库名 \
    --username root \
    --password root \
    --hive-database sqoop_test \            # 导出到 Hive 对应的库
```

```
--hive-import \
--hive-overwrite \
-m 3
```

5. query 参数

Sqoop 支持使用 query 参数定义查询 SQL,从而可以导出任何想要的结果集。使用示例如下:

```
sqoop import \
    --connect jdbc:mysql://hadoop001:3306/mysql \
    --username root \
    --password root \
    --query 'select * from help_keyword where  $CONDITIONS and  help_keyword_id < 50' \
    --delete-target-dir \
    --target-dir /sqoop_hive \
    --hive-database sqoop_test \        # 指定导入目标数据库,不指定则默认使用 Hive 中的 default 库
    --hive-table filter_help_keyword \        # 指定导入目标表
    --split-by help_keyword_id \        # 指定用于 split 的列
    --hive-import \        # 导入 Hive
    --hive-overwrite \
    -m 3
```

在使用 query 进行数据过滤时,需要注意以下三点。

①必须用--hive-table 指明目标表。

②如果并行度-m 不为 1 或者没有指定--autoreset-to-one-mapper,则需要用--split-by 指明参考列。

③SQL的WHERE字句必须包含$CONDITIONS,这是固定写法,作用是动态替换。

6. 增量导入

```
sqoop import \
    --connect jdbc:mysql://hadoop001:3306/mysql \
    --username root \
    --password root \
    --table help_keyword \
    --target-dir /sqoop_hive \
```

```
--hive-database sqoop_test \
--incremental   append   \                    # 指明模式
--check-column   help_keyword_id \            # 指明用于增量导入的参考列
--last-value 300   \                          # 指定参考列上次导入的最大值
--hive-import \
-m 3
```

incremental 参数有以下两个可选的选项。

①append：要求参考列的值必须是递增的，所有大于 last-value 的值都会被导入。

②lastmodified：要求参考列的值必须是 timestamp 类型，且插入数据时要在参考列插入当前时间戳，更新数据时也要更新参考列的时间戳，所有时间晚于 last-value 的数据都会被导入。

通过上面的解释我们可以看出，其实 Sqoop 的增量导入并没有太多神奇的地方，就是依靠维护的参考列来判断哪些是增量数据。当然我们也可以使用上面介绍的 query 参数来进行手动的增量导出，这样反而更加灵活。

三、Sqoop 迁移 HDFS 数据

1. HDFS 数据导出到 MySQL

```
sqoop export \
   --connect jdbc:mysql://hadoop001:3306/mysql \
   --username root \
   --password root \
   --table help_keyword_from_hdfs \           # 导出数据存储在 MySQL 的 help_
keyword_from_hdf 的表中
   --export-dir /sqoop \
   --input-fields-terminated-by ' \t' \
   --m 3
```

注意：MySQL 中的表必须预先创建。

2. Hive 数据导出到 MySQL

由于 Hive 的数据是存储在 HDFS 上的，所以 Hive 导入数据到 MySQL，实际上就是 HDFS 导入数据到 MySQL。

Hive 导出数据一般分为以下两个步骤。

①查看 Hive 表在 HDFS 中的存储位置，如图 6-7 所示。

进入对应的数据库

hive> use sqoop_test;

查看表信息

hive> desc formatted help_keyword;

```
hive (sqoop_test)> use sqoop_test;
OK
Time taken: 0.021 seconds
hive (sqoop_test)> desc formatted help_keyword;
OK
col_name            data_type            comment
# col_name                  data_type                   comment

help_keyword_id             bigint
name                        string

# Detailed Table Information
Database:                   sqoop_test
Owner:                      root
CreateTime:                 Fri Aug 05 19:25:09 CST 2022
LastAccessTime:             UNKNOWN
Retention:                  0
Location:                   hdfs://hadoop1:9000/hive/warehouse/sqoop_test.db/help_keyword
Table Type:                 MANAGED_TABLE
Table Parameters:
        comment             Imported by sqoop on 2022/08/05 19:25:02
        numFiles            3
        numRows             0
        rawDataSize         0
        totalSize           9748
        transient_lastDdlTime  1659698711

# Storage Information
SerDe Library:              org.apache.hadoop.hive.serde2.lazy.LazySimpleSerDe
InputFormat:                org.apache.hadoop.mapred.TextInputFormat
OutputFormat:               org.apache.hadoop.hive.ql.io.HiveIgnoreKeyTextOutputFormat
Compressed:                 No
Num Buckets:                -1
Bucket Columns:             []
Sort Columns:               []
Storage Desc Params:
        field.delim             ,
        line.delim              \n
        serialization.format    ,
Time taken: 0.08 seconds, Fetched: 33 row(s)
```

图 6-7 Hive 表路径

其中 Location 属性为其存储位置。

②执行 Sqoop 命令。

```
sqoop export  \
   --connect jdbc:mysql://hadoop001:3306/mysql \
   --username root \
   --password root \
   --table help_keyword_from_hive \
   --export-dir /user/hive/warehouse/sqoop_test.db/help_keyword   \
   -input-fields-terminated-by ' \001' \                #需要注意的是 hive 中默
认的分隔符为 \001
   --m 3
```

同样在 MySQL 中的表需我们预先在 MySQL 数据库中创建。

3. 类型支持

Sqoop 默认支持数据库的大多数的字段类型,但是某些特殊类型是不支持的。遇到不支持的类型,程序会抛出 Hive does not support the SQL type for column xxx 异常,此时可以通过下面两个参数进行强制类型转换。

①--map-column-java<mapping>:重写 SQL 到 Java 类型的映射。

②--map-column-hive<mapping>:重写 Hive 到 Java 类型的映射。

示例如下,将原先 id 字段强制转为 String 类型,value 字段强制转为 Integer 类型。

```
$sqoop import … --map-column-java id=String,value=Integer
```

任务检测

老张为了考查小王对 Sqoop 数据迁入、迁出的知识是否掌握牢固,让小王完成以下练习:

1. Sqoop 的哪个命令支持从 HDFS 导数据到 MySQL(　　)。

    A. import   B. export

    C. codegen   D. eval

2. 在使用 Sqoop import 从 RDBMS 导入数据到 HDFS 时,--username 和 --password 指定的是谁的用户名和密码(　　)。

    A. RDBMS   B. Hadoop

    C. Hive   D. Sqoop

3. 在使用 Sqoop export 时,以下哪个参数是必需的(　　)。

    A. --table   B. --call

    C. --export-dir   D. --columns

项目小结

Sqoop 是一款主要用于在 Hadoop(Hive)与传统的数据库(MySQL、PostgreSQL…)间进行数据传递的开源工具,本项目从理论方面对 Sqoop 概述做了简单介绍,也简单了解了 Sqoop 的操作。在 Sqoop 概述中重点讲解了 Sqoop 的功能与特性以及 Sqoop 与传统 ETL 的区别;在讲解 Sqoop 操作时,首先从 Sqoop 环境搭建入手,然后详细介绍了 Sqoop 迁移 MySQL 数据和 Sqoop 迁移 HDFS 数据的具体操作。

项目实训

一、实训目的

读者通过实训能熟练掌握使用 Sqoop 将 MySQL 中的数据迁移到 HDFS 中,使用 Sqoop 将 MySQL 中的数据迁移到 HBase 中,使用 Sqoop 将 MySQL 中的数据迁移到 Hive 中,使用 Sqoop 将 Hive 中的数据迁移到 MySQL 中。

二、实训内容

1. 在 MySQL 数据库中创建 StudentInfo,并插入数据,如表 6-5 所示。

表 6-5 StudentInfo

姓名	性别	身高(cm)	体重(kg)	爱好
张三	男	175	68	篮球
李四	男	172	70	唱歌
王二	女	163	50	舞蹈
赵六	女	170	52	滑板

2. 使用 Sqoop 将 MySQL 中 StudentInfo 表中的数据迁移到 Hive 中。

3. 使用 Sqoop 将 MySQL 中 StudentInfo 表中的数据迁移到 HDFS 中。

4. 使用 Sqoop 将 MySQL 中 StudentInfo 表中的数据迁移到 HBase 中。

5. 在 Hive 中创建 students 表,并将如下数据导入表中。

```
1001,Duthie,m,20,20221103,90,class1
1002,Biber,f,19,20221101,70,class2
1003,Morani,f,21,20221101,59,class3
1004,Maricela,f,20,20221103,49,class1
1005,Joakim,m,23,20221101,66,class2
1006,Pony,m,22,20221103,80,class3
1007,Fromme,f,18,20221101,92,class1
1008,Witzel,f,22,20221103,55,class2
1009,Fraiman,m,21,20221101,69,class1
1010,Bozarth,m,20,20221103,89,class2
```

6. 使用 Sqoop 将 Hive 中的 students 表中的数据迁移到 MySQL 中。

项目七

大数据日志处理（Flume）

为了解决当大量的数据在同一个时间要写入 HDFS 时，每次一个文件被创建或者分配一个新的块，都会在 NameNode 发生很复杂的操作，造成主节点压力，从而导致写入时间严重延迟、写入失败等，Flume 由此诞生，它是一种分布式，可靠且可用的服务，用于高效地收集、汇总和移动大量日志数据。它具有基于流式数据的简单而灵活的架构；它具有可靠性机制以及许多故障转移和恢复机制；具有强大的容错性和容错能力；它使用一个简单的可扩展数据模型，允许在线分析应用程序的运行。

该项目以知识点拆分的方式为学生介绍 Flume 的功能特性，并将 Flume 与其他开源日志系统进行对比，进而培养学生全面看待问题、合理分析、选择正确的价值观；通过介绍 Flume 搭建与 Agent 辨析培养学生科学的思维方式；根据实际情景，选择合适的模式，培养学生严谨缜密的思维方式，以及举一反三、灵活应用的能力。

学习目标

- 掌握 Flume 的环境搭建
- 了解 Flume 的功能与特性
- 了解 Flume 与其他日志收集系统的区别
- 掌握 Flume Agent 的编写
- 掌握 Flume 与 Kafka 的集成

学习情境

老张回顾了最近小王的工作后发现小王从加入公司到现在还从未处理过数据

收集方面的工作,于是老张决定趁着最近公司业务并不繁忙的闲暇时光为小王讲讲数据收集方面的相关知识,防止有突发任务时小王出现不知所措的情况。这次为小王准备的内容包括了日志数据收集工具 Flume 的一些简单概述和 Flume 的应用实践两部分知识。

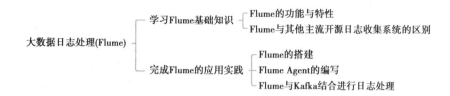

【任务一】学习 Flume 基础知识

任务描述

大数据项目中最重要的便是数据。与传统项目相比,大数据项目的数据来源并非单一的,并且多数情况下这些来源广泛的数据都是日志数据,因此老张决定为小王讲讲大数据中常用的日志数据收集工具 Flume 的功能特性以及 Flume 与其他主流开源日志收集系统间的区别。

知识学习

一、Flume 的功能与特性

1. Flume 的核心概念

Apache Flume 是一个分布式的、可靠的、高效的日志数据收集组件,我们通常使用 Flume 将分散在集群中的多个 Servers 的 log 文件,汇集到中央式的数据平台中,以解决从离散的日志文件中查看、统计数据困难的问题。当然,Flume 不仅仅可以收集 log 文件,它也支持比如 TCP、UDP 等消息数据的收集。无论如何,我们最终解决的问题就是将离散的数据进行收集。为了更好地理解 Flume 的功能,我们需要先对以下功能组件有一定的了解。

- Event:消息、事件,在 Flume 中数据传输的单位是 Event,Flume 将解析的日志数据、接收到的 TCP 数据等分装成 Events 在内部 Flow 中传递。
- Agent:临近数据源(比如 logs 文件)的、部署在宿主机器上的 Flume 进程,通常用于收集、过滤、分拣数据,Flume Agent 通常需要对源数据进行"修饰"后转发给远端的 Collector。

- Collector：另一种 Flume 进程（Agent），它用于接收 Flume Agents 发送的消息，相对于 Agent，Collector 收集的消息通常来自多个 Server，它的作用就是对消息进行聚合、清洗、分类、过滤等，并负责保存和转发给 Downstream。

- Source：Flume 内部组件之一，用于解析原始数据并封装成 Event 或者是接收 Client 端发送的 Flume Events。对于 Flume 进程而言，Source 是整个数据流（Data Flow）的最前端，用于产生 Events。（读）

- Channel：Flume 内部组件之一，用于传输 Events 的通道，Channel 通常具备缓存数据、流量控制等特性。Channel 的 Upstream 端是 Source，Downstream 为 Sink。如果你熟悉 pipeline 模式的流数据模型，这个概念应该非常容易理解。

- Sink：Flume 内部组件之一，用于将内部的 Events 通过合适的协议发送给第三方组件，比如 Sink 可以将 Events 写入本地磁盘文件并基于 Avro 协议通过 TCP 方式发给其他 Flume，可以发给 Kafka 等其他数据存储平台等。Sink 最终将 Events 从内部数据流中移除。（写）

为了安全性，数据的传输是将数据封装成一个 Event 事件。Source 会将从服务器收集的数据封装成 Event，然后存储在缓冲区 Channel，Channel 的结构与队列比较相似（先进先出）。Sink 会从缓冲区 Channel 中抓取数据，抓取到数据时，就会把 Channel 中的对应数据删除，并且把抓取的数据写入 HDFS 等目标地址或者也可以是下一个 Source（这样就可以将 Flume 串起来，同时一个 Source 可以接受多个输入，一个 Sink 可以将数据写出到多个地址）。一定是当数据传输成功后，才会删除缓冲区 Channel 中的数据，这是为了可靠性。当接收方 Crash 时，以便可以重新发送数据。

2. Flume NG 基本架构和功能

Flume 的数据流是通过一系列称为 Agent 的组件构成的，Agent 为最小的独立运行单位，其架构如图 7-1 所示。

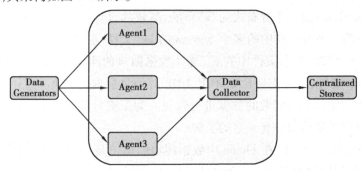

图 7-1　Flume NG 架构图

从上图看出：一个 Agent 可以从客户端或前一个 Agent 接收数据，经过过滤（可选)、路由等操作,传递给下一个或多个 Agent,直到抵达指定的目标系统。用户可根据需求拼接任意多个 Agent 构成一个数据流水线。

Flume 将数据流水线中传递的数据封装成为 Event;每个 Event 由头部和字节数组(数据内容)两部分构成,其中,头部由一系列 key/value 对构成,可用于数据路由;字节数组封装了实际要传递的数据内容,通常是由 avro、thrift、protobuf 等对象序列化而成。

Flume 中 Event 可由专门的客户端程序产生,这些客户端程序将要发送的数据封装成 Event 对象,调用 Flume 提供的 SDK 发送给 Agent。

通过 Flume 的核心概念和 NG 架构,我们可以看出 Flume 可以灵活调整架构和自定义插件,并为用户提供了以下功能:

①可以从固定目录下收集日志信息到目的地(HDFS,HBase,Kafka)。

②可实时收集日志信息到目的地。

③支持级联(多个 Flume 对接起来)、合并数据的能力。

④支持按照用户定制收集数据,用户可以通过 Flume 来对接多种类型的数据源,包括但不限于网络流量数据、社交媒体生成数据、电子邮件消息以及其他数据源。

3. Flume 的特性

Flume 采用了插拔式的软件架构,所有组件均是可插拔的,用户可以根据自己的需求定制每个组件。Flume 本质上可以理解为一个中间件。Flume 具有以下几个特点:

• 良好的扩展性:Flume 的架构是完全分布式的,没有任何中心化组件,使得其非常容易扩展。

• 高度定制化:采用插拔式架构,各组件插拔式配置,用户可以很容易地根据需求自由定义。

• 良好的可靠性:消息(批量)通过每个 Agent 的 Channel,然后发送给下一个 Agent 或者最终的存储平台,只有当下一个 Agent 或者最终的存储平台接收并保存后,才会从 Channel 中移除,Flume 使用 Event 来保证消息传输的可靠性(这一点非常重要)。Sources 和 Sinks 在存储、检索的操作都会分别分装在由 Channel 提供的事务中,这可以确保一组消息在 Flows 内部点对点传递的可靠性(Source->Channel->Sink)。即使在多级 Flows 模式中,上一级的 Sink 和下一级的 Source 之间的数据传输也运行在各自的事务中,以确保数据可以安全地被存储在下一级的 Channel 中。

• 可恢复性:Flume 支持持久类型的 FileChannel,即 Channel 的消息可以被保存在本地的文件系统中,这种 Channel 支持数据恢复。此外,还支持 MemoryChannel,它是基于内存的队列,效率很高但是当 Agent 进程失效后,那些遗留在 Channel 中的消息将会丢失(无法恢复)。

● 复合流:Flume 允许开发者构建多级(multi-hop)的 Flows 模型,消息在到达最终目的地之前可以经过多个 Flume Agents;它也允许构建比如 Fan-in(扇入)、Fan-out(扇出)结构的 Flows,以及上下文路由、Failover 模式的模型。

● 数据过滤:Flume 在传输数据的过程中,可以对数据简单过滤、清洗,去掉不关心的数据,同时,如果需要对复杂的数据过滤,需要用户根据自己的数据特殊性,开发过滤插件,Flume 支持第三方过滤插件调用。

一般来说,当在 Hadoop 集群上有很多数据需要处理的时候,通常会有很多生产数据的服务器,这些服务器的数量是上百甚至是上千的。这样庞大数量的服务器试着将数据写入 HDFS 或者 HBase 集群,会因为多种原因导致重大问题。

Flume 被设计成为一个灵活的分布式系统,可以很容易地扩展,而且是高度可定制化的。

一个配置正确的 Flume Agent 和由相互连接的 Agent 创建的 Agent 的管道,保证不会丢失数据,并提供持久的 Channel。Flume 部署的最简单的单元是 Flume Agent。一个 Flume Agent 可以连接一个或多个其他的 Agent,一个 Agent 也可以从一个或多个 Agent 接收数据。通过相互连接的多个 Flume Agent,一个流作业被建立,这个 Flume Agent 链条可以用于将数据从一个位置移动到另一个位置——特别是,从生产数据的应用程序到 HDFS、HBase 等。

大量的 Flume Agent 从应用服务器接收数据,然后将数据写入到 HDFS 或者 HBase(无论是直接或者通过其他 Flume Agent),通过简单地增加更多的 Flume Agent 就能够扩展服务器的数量并将大量数据写入到 HDFS。

二、Flume 与其他主流开源日志收集系统的区别

目前常见的开源日志收集系统除了 Flume 外还有 Facebook 的 Scribe,Apache 的 Chukwa,Linkedin 的 Kafka 等。下面将简单介绍以上几种日志收集系统,并在最后与 Flume 进行简单对比。

Scribe 是 Facebook 开源的日志收集系统,在 Facebook 内部已经得到大量的应用。它能够从各种日志源上收集日志,并存储到一个中央存储系统(可以是 NFS,分布式文件系统等)上,以便于进行集中统计分析处理。它为日志的"分布式收集,统一处理"提供了一个可扩展的、高容错的方案。它最重要的特点是容错性好,当后端的存储系统 Crash 时,Scribe 会将数据写到本地磁盘上,当存储系统恢复正常后,Scribe 将日志重新加载到存储系统中。

(1)Scribe 的架构比较简单,如图 7-2 所示,主要包括三部分。

①Scribe agent:实际上是一个 Thrift client。向 Scribe 发送数据的唯一方法是使用 Thrift client,Scribe 内部定义了一个 Thrift 接口,用户使用该接口将数据发送给 server。

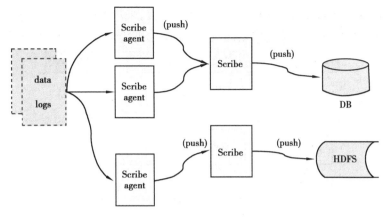

图 7-2　Scribe 架构图

②Scribe：Scribe 接收到 Thrift client 发送过来的数据，根据配置文件，将不同 topic 的数据发送给不同的对象。

③存储系统实际上就是 Scribe 中的 store，当前 Scribe 支持非常多的 store，包括 file（文件），buffer（双层存储，一个主储存，一个副存储），network（另一个 Scribe 服务器），bucket（包含多个 store，通过 hash 将数据存到不同的 store 中），null（忽略数据），Thri ftfile（写到一个 Thrift TFile Transport 文件中）和 multi（把数据同时存放到不同的 store 中）。

（2）Chukwa 是一个非常新的开源项目，由于属于 Hadoop 系列产品，因而使用了很多 Hadoop 的组件（用 HDFS 存储，用 MapReduce 处理数据），它提供了很多模块以支持 Hadoop 集群日志分析，如图 7-3 所示。

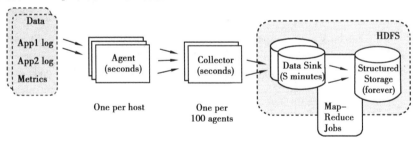

图 7-3　Chukwa 架构图

Chukwa 中主要有 3 种角色。

①Adaptor 数据源：可封装其他数据源，如 file，unix 命令行工具等，目前可用的数据源有 Hadoop logs，应用程序度量数据，系统参数数据（如 Linux cpu 使用率）。

②Agent：给 Adaptor 提供各种服务，包括启动和关闭 Adaptor，将数据通过 HTTP 传递给 Collector；定期记录 Adaptor 状态，以便 crash 后恢复。

③Collector：对多个数据源发过来的数据进行合并，然后加载到 HDFS 中；隐藏 HDFS 的细节，如 HDFS 版本更换后，只需修改 Collector 即可。

（3）Kafka：Kafka 是 2010 年 12 月开源的项目，采用 Scala 语言编写，使用了多种效率优化机制，整体架构比较新颖（push/pull），更适合异构集群，如图 7-4 所示。

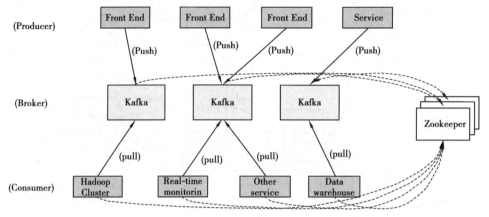

图 7-4　Kafka 架构图

Kafka 实际上是一个消息发布订阅系统。producer 向某个 topic 发布消息，而 consumer 订阅某个 topic 的消息，进而一旦有新的关于某个 topic 的消息，broker 会传递给订阅它的所有 consumer。在 Kafka 中，消息是按 topic 组织的，而每个 topic 又会分为多个 partition，这样便于管理数据和进行负载均衡。同时，它也使用了 Zookeeper 进行负载均衡。

（4）Flume 与其他主流日志收集系统的对比。

表 7-1　Flume 与其他日志收集系统的对比

对比项	Scribe	Chukwa	Kafka	Flume
公司	Facebook	Apache/Yahoo	LinkedIn	Cloudera
开源时间	2008 年 10 月	2009 年 11 月	2010 年 12 月	2009 年 7 月
实现语言	C/C++	JAVA	SCALA	JAVA
框架	push/push	push/push	push/pull	push/push
容错性	collector 和 store 之间有容错机制，而 agent 和 collector 之间的容错需用户自己实现	Agent 定期记录已送给 collector 的数据偏移量，一旦出现故障后，可根据偏移量继续发送数据	Agent 可通过 collector 自动识别机制获取可用 collector。store 自己保存已经获取数据的偏移量，一旦 collector 出现故障，可根据偏移量继续获取数据	Agent 和 collector，collector 和 store 之间均有容错机制，且提供了三种级别的可靠性保证

对比项	Scribe	Chukwa	Kafka	Flume
负载均衡	无	无	使用 zookeeper	使用 zookeeper
可扩展性	好	好	好	好
Agent	需用户自己实现	自带一些 agent, 如获取 hadoop logs 的 agent	用户根据 Kafka 提供的 low-level 和 high-level API 自己实现	提供了各种非常丰富的 agent
Collector	实际上是一个 thrift server	无	使用了 sendfile, zero-copy 等技术提高性能	系统提供了很多 collector
Store	直接支持 HDFS	直接支持 HDFS	直接支持 HDFS	直接支持 HDFS
总体评价	设计简单,易于使用,但容错和负载均衡方面不够好,且资料较少	属于 hadoop 系列产品,直接支持 hadoop,目前版本升级比较快,但还有待完善	设计架构(push/pull)非常巧妙,适合异构集群,但产品较新,其稳定性有待验证	非常优秀

任务检测

老张为了考查小王对 Flume 功能特性的知识是否掌握牢固,让小王完成以下练习:

1. 下列对 Flume 的描述不正确的是(   )。

　　A. 一个 Agent 中可以包含多个 Source,Channel 和 Sink

　　B. 一个 Sink 以绑定多个 Channel

　　C. 一个 Source 可以指定多个 Channel

　　D. Agent 是 Flume 的核心

2. 请简述 Flume 与其他主流开源日志收集系统的区别。

3. 请问 Flume 主要由哪几部分组成? 各个部分的作用是什么?

【任务二】完成 Flume 的应用实践

任务描述

为了能使小王更清晰地了解并学会 Flume 的对应操作,老张在为小王讲解完相应的基础理论知识后,决定带领小王实际操作 Flume,其内容包括 Flume 的搭建、对应功能的 Flume Agent 的编写和 Flume 与 Kafka 结合进行日志处理。

📋 知识学习

一、Flume 的搭建

Flume 的搭建步骤

①下载 Flume 安装包,并上传至/usr/local/software/目录下。

官网下载地址:https://flume.apache.org/

②解压安装包至/usr/local/modul 目录下,并重命名。

```
tar -zxvf flume-ng-1.6.0-cdh5.14.2.tar.gz -C ../modul/
重命名文件夹
mv apache-flume-1.6.0-cdh5.14.2-bin/ flume-1.6.0
```

③复制核心文件 conf/flume-env.sh.template 并重命名为 conf/flume-env.sh。

```
cp conf/flume-env.sh.template conf/flume-env.sh
vi conf/flume-env.sh
添加如下内容
export JAVA_HOME=/usr/local/jdk1.8.0_121 #以自身主机 JDK 位置为准
```

④配置 Flume 环境变量。

```
vi /etc/profile

export FLUME_HOME=/usr/local/modul/flume-1.6.0
export PATH=$PATH:$FLUME_HOME/bin


保存环境变量
source /etc/profile
```

⑤编写用于监控/usr/local/data 目录下的 text.txt 文件的配置文件 example.conf。

```
vi conf/example.conf

写入如下内容
# 定义 Agent 的名称、Source、Channel、Sink 的名称
a1.sources = r1
a1.sinks = k1
a1.channels = c1
```

```
# 配置 Source 组件属性
a1. sources. r1. type = exec
a1. sources. r1. bind = localhost
# a1. sources. r1. port = 44444
a1. sources. r1. command = tail -f +0 /usr/local/data/text. txt


# 配置 Channel 组件属性
a1. channels. c1. type = memory
# 内存最大存储的 event 数量
a1. channels. c1. capacity = 10000
# 每次最大从 source 中拿到 sink 中的 event 数量
a1. channels. c1. transactionCapacity = 100


# 配置 Sink 组件属性
a1. sinks. k1. type = logger


# 将源和接收器绑定到通道
a1. sources. r1. channels = c1
a1. sinks. k1. channel = c1
```

根据数据收集需求配置收集方案,在 conf 目录下定义一个配置文件并进行描述,一般文件名以 xx. conf 结尾,指定收集方案配置文件,在相应的节点启动 Flume Agent。

⑥启动 Flume,如图 7-5 所示。

```
2022-08-05 22:21:28,826 (conf-file-poller-0) [INFO - org.apache.flume.conf.FlumeConfiguration$AgentConfiguration.addProperty(FlumeConfiguration.java:930)] Add
ed sinks: k1 Agent: a1
2022-08-05 22:21:28,827 (conf-file-poller-0) [INFO - org.apache.flume.conf.FlumeConfiguration$AgentConfiguration.addProperty(FlumeConfiguration.java:1016)] Pr
ocessing:k1
2022-08-05 22:21:28,827 (conf-file-poller-0) [INFO - org.apache.flume.conf.FlumeConfiguration$AgentConfiguration.addProperty(FlumeConfiguration.java:1016)] Pr
ocessing:k1
2022-08-05 22:21:28,842 (conf-file-poller-0) [INFO - org.apache.flume.conf.FlumeConfiguration.validateConfiguration(FlumeConfiguration.java:140)] Post-validat
ion flume configuration contains configuration for agents: [a1]
2022-08-05 22:21:28,842 (conf-file-poller-0) [INFO - org.apache.flume.node.AbstractConfigurationProvider.loadChannels(AbstractConfigurationProvider.java:147)]
Creating channels
2022-08-05 22:21:28,847 (conf-file-poller-0) [INFO - org.apache.flume.channel.DefaultChannelFactory.create(DefaultChannelFactory.java:42)] Creating instance o
f channel c1 type memory
2022-08-05 22:21:28,851 (conf-file-poller-0) [INFO - org.apache.flume.node.AbstractConfigurationProvider.loadChannels(AbstractConfigurationProvider.java:201)]
Created channel c1
2022-08-05 22:21:28,852 (conf-file-poller-0) [INFO - org.apache.flume.source.DefaultSourceFactory.create(DefaultSourceFactory.java:41)] Creating instance of s
ource r1, type exec
2022-08-05 22:21:28,859 (conf-file-poller-0) [INFO - org.apache.flume.sink.DefaultSinkFactory.create(DefaultSinkFactory.java:42)] Creating instance of sink: k
1, type: logger
2022-08-05 22:21:28,861 (conf-file-poller-0) [INFO - org.apache.flume.node.AbstractConfigurationProvider.getConfiguration(AbstractConfigurationProvider.java:1
16)] Channel c1 connected to [r1, k1]
2022-08-05 22:21:28,868 (conf-file-poller-0) [INFO - org.apache.flume.node.Application.startAllComponents(Application.java:137)] Starting new configuration:{
sourceRunners:{r1=EventDrivenSourceRunner: { source:org.apache.flume.source.ExecSource{name:r1,state:IDLE} }} sinkRunners:{k1=SinkRunner: { policy:org.apache.
flume.sink.DefaultSinkProcessor@7bd0db7b counterGroup:{ name:null counters:{} } }} channels:{c1=org.apache.flume.channel.MemoryChannel{name: c1}} }
2022-08-05 22:21:28,874 (conf-file-poller-0) [INFO - org.apache.flume.node.Application.startAllComponents(Application.java:144)] Starting Channel c1
2022-08-05 22:21:28,948 (lifecycleSupervisor-1-0) [INFO - org.apache.flume.instrumentation.MonitoredCounterGroup.register(MonitoredCounterGroup.java:119)] Mon
itored counter group for type: CHANNEL, name: c1: Successfully registered new MBean.
2022-08-05 22:21:28,948 (lifecycleSupervisor-1-0) [INFO - org.apache.flume.instrumentation.MonitoredCounterGroup.start(MonitoredCounterGroup.java:95)] Compone
nt type: CHANNEL, name: c1 started
2022-08-05 22:21:28,951 (conf-file-poller-0) [INFO - org.apache.flume.node.Application.startAllComponents(Application.java:171)] Starting Sink k1
2022-08-05 22:21:28,952 (conf-file-poller-0) [INFO - org.apache.flume.node.Application.startAllComponents(Application.java:182)] Starting Source r1
2022-08-05 22:21:28,953 (lifecycleSupervisor-1-0) [INFO - org.apache.flume.source.ExecSource.start(ExecSource.java:168)] Exec source starting with command: ta
il -f +0 /usr/local/data/text.txt
2022-08-05 22:21:28,954 (lifecycleSupervisor-1-0) [INFO - org.apache.flume.instrumentation.MonitoredCounterGroup.register(MonitoredCounterGroup.java:119)] Mon
itored counter group for type: SOURCE, name: r1: Successfully registered new MBean.
2022-08-05 22:21:28,954 (lifecycleSupervisor-1-0) [INFO - org.apache.flume.instrumentation.MonitoredCounterGroup.start(MonitoredCounterGroup.java:95)] Compone
nt type: SOURCE, name: r1 started
2022-08-05 22:21:32,957 (SinkRunner-PollingRunner-DefaultSinkProcessor) [INFO - org.apache.flume.sink.LoggerSink.process(LoggerSink.java:95)] Event: { headers
:{} body: 3D 3D 3E 20 2F 75 73 72 2F 6C 6F 63 61 6C 64 ==> /usr/local/d }
```

图 7-5　Flume 的启动

```
flume-ng agent \
--name a1 \
--conf  $FLUME_HOME/conf \
--conf-file  $FLUME_HOME/conf/example. conf \
-Dflume. root. logger=INFO,console
```

⑦在虚拟机连接工具中另建立一个与之前主机相同的连接。

⑧在/usr/local/创建 data 文件夹并创建 text. txt。

```
mkdir data
touch text. txt
```

⑨向 text. txt 文件中写入数据。

```
echo 'Hello' >> text. txt
echo 'world' >> text. txt
echo 'hadoop flume' >> text. txt
```

⑩查看 Flume 数据的收集情况,如图 7-6 所示。

```
2022-08-05 22:21:32,957 (SinkRunner-PollingRunner-DefaultSinkProcessor) [INFO - org.apache.flume.sink.LoggerSink.process(LoggerSink.java:95)] Event: { headers
:{} body: 3D 3D 3E 20 2F 75 73 72 2F 6C 6F 63 61 6C 2F 64 }  ==> /usr/local/d }
2022-08-05 22:21:32,958 (SinkRunner-PollingRunner-DefaultSinkProcessor) [INFO - org.apache.flume.sink.LoggerSink.process(LoggerSink.java:95)] Event: { headers
:{} body: 48 65 6C 6C 6F                                   Hello }
2022-08-05 22:21:32,958 (SinkRunner-PollingRunner-DefaultSinkProcessor) [INFO - org.apache.flume.sink.LoggerSink.process(LoggerSink.java:95)] Event: { headers
:{} body: 77 6F 72 6C 64                                   world }
2022-08-05 22:21:32,958 (SinkRunner-PollingRunner-DefaultSinkProcessor) [INFO - org.apache.flume.sink.LoggerSink.process(LoggerSink.java:95)] Event: { headers
:{} body: 68 61 64 6F 6F 70 20 66 6C 75 6D 65              hadoop flume }
```

图 7-6　Flume 实时收集

二、Flume Agent 的编写

Flume 中最核心的角色是 Agent,Flume 收集系统就是由一个个 Agent 连接起来的或简单或复杂的数据传输通道。

对于每一个 Agent 来说,它就是一个独立的守护进程(JVM),它负责从数据源接收数据,并发往下一个目的地,其内部原理如图 7-7 所示。

Flume 本身不限制 Agent 中 Source,Channel,Sink 的数量,因此 Flume Source 可以接受事件,并可以通过配置将事件复制到多个目的地。这使得 Source 可以通过 Channel 处理器、拦截器和 Channel 选择器,写入到 Channel,如图 7-8 所示。

1. 拦截器

在 Flume 中会使用一些拦截器对 Source 中的数据在进入 Channel 之前进行拦截,做一些处理,比如过滤掉一些数据,或者加上一些 key/value 等。可以同时使用多个拦截器,实现不同的功能。

常用的拦截器有时间戳拦截器、主机拦截器、静态拦截器等。

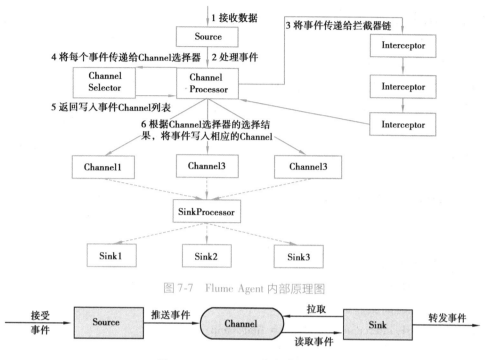

图 7-7　Flume Agent 内部原理图

图 7-8　Flume Agent 执行流程简图

（1）时间戳拦截器

时间戳拦截器是 Flume 中一个最经常使用的拦截器,该拦截器的作用是将时间戳插入到 Flume 的事件 Event 报头中。如果不使用任何拦截器,Flume 接受到的只有 Message。时间戳拦截器的配置如表 7-2 所示。

表 7-2　时间拦截器配置

参数	默认值	描述
type	timestamp	类型名称 timestamp,也可以使用类名的全路径 org. a- pache. flume. interceptor. TimestampInterceptor ＄Builder
preserveExisting	false	如果设置为 true,若事件中报头已经存在,不会替换时间戳报头的值

Flume 时间戳拦截器 Agent 编写案例如下:

在/flume-1. 6. 0/conf 目录下创建用于存放时间戳拦截器 Agent 文件的 interceptor 文件夹并在其目录下创建 flume-timestamp-interceptor. properties。

```
mkdir interceptor
touch interceptor/flume-timestamp-interceptor. properties
```

编辑 flume-timestamp-interceptor. properties 配置文件。

vi interceptor/flume-timestamp-interceptor. properties

写入如下内容
为当前 agent 设置各个组件的名称
a1. sources = r1
a1. channels = c1
a1. sinks = k1

定义 source 的类型及参数
a1. sources. r1. type = exec
a1. sources. r1. command = tail -F /home/ec2-user/datas/text. txt
启用拦截器,命名为 i1
a1. sources. r1. interceptors = i1
设置 i1 为时间戳拦截器
a1. sources. r1. interceptors. i1. type = timestamp

定义 channel 的类型及参数
a1. channels. c1. type = memory
a1. channels. c1. capacity = 10000
a1. channels. c1. transactionCapacity = 10000

定义 sink 的类型及参数
a1. sinks. k1. type = hdfs
通过时间戳拦截器滚动目录,精确到分
a1. sinks. k1. hdfs. path = hdfs://localhost:9000/flume/timestamp-interceptor/%Y%m%d/%H/%M
文件前缀
a1. sinks. k1. hdfs. filePrefix = events-
控制日志文件的滚动规则
每 30 秒滚动一次文件
a1. sinks. k1. hdfs. rollInterval = 30
文件大小达到 1 MB 就会滚动生成新的文件
a1. sinks. k1. hdfs. rollSize = 1048576
根据 events 的数量来控制文件滚动规则,通常不用这个参数,设置 0 表示禁用
a1. sinks. k1. hdfs. rollCount = 0

```
# 欺骗 flume 的作用,如果不设置为 1 可能导致导入数据失败
a1. sinks. k1. hdfs. minBlockReplicas = 1
# 设置生成文件的类型
a1. sinks. k1. hdfs. fileType = DataStream
a1. sinks. k1. hdfs. writeFormat = Text


# 将 channel 连接到对应的 source 和 sink
a1. sources. r1. channels = c1
a1. sinks. k1. channel = c1
```

启动 Hadoop 对应服务的进程。

```
start-all. sh
```

编写测试数据脚本。

```
vi testdata. sh
```

写入如下内容

```
#! /bin/bash
mkdir /home/ec2-user/datas
touch /home/ec2-user/datas/text. txt
for i in $(seq 1 4)
do
echo flume >> /home/ec2-user/datas/text. txt;
sleep 0. 5m
done
```

赋予脚本执行权限。

```
./testdata. sh &
```

启动 Agent。

```
bin/flume-ng agent --conf conf/ --conf-file conf/interceptor/flume-timestamp-in-
terceptor. properties --name a1 -Dflume. root. logger=INFO, console
```

三分钟后 ctrl+c 退出 flume,查看 HDFS 数据,如图 7-9 所示。

```
hdfs dfs -ls /    #查看文件目录,从 flume 起向下查看
hdfs dfs -cat 文件    #查看文件内容
```

```
flume
flume
flume
```

图 7-9   查看结果

（2）主机拦截器

主机拦截器插入服务器的 ip 地址或者主机名,Agent 将这些内容插入到事件的报头中。事件报头中的 key 使用 hostHeader 配置,默认是 host。主机拦截器的配置如表 7-3 所示。

表 7-3　主机拦截器配置

参数	默认值	描述
type	host	拦截器的类型必须为 host
hostHeader	host	事件报头的 key
useIP	true	如果设置为 false,host 键插入主机名
preserveExisting	false	如果此拦截器增加的 key 已经存在,如果这个值设置为 true,则保持原来的值,否则覆盖原来的值

Flume 主机拦截器 Agent 编写案例如下:

在 interceptor/目录下创建主机拦截器 Agent 文件 flume-host-interceptor. properties。

```
touch conf/interhost/flume-host-interceptor. properties
```

编辑 flume-host-interceptor. properties 配置文件。

```
vi conf/interhost/flume-host-interceptor. properties
```

写入以下内容
```
# 为当前 agent 设置各个组件的名称
a1. sources = r1
a1. channels = c1
a1. sinks = k1

# 定义 source 的类型及参数
a1. sources. r1. type = exec
a1. sources. r1. command = tail -F /var/log/httpd/access_log
# 启用拦截器,命名为 i1,i2
a1. sources. r1. interceptors = i1 i2
# 设置 i1 为时间戳拦截器
a1. sources. r1. interceptors. i1. type = timestamp
# 设置 i2 为主机拦截器
a1. sources. r1. interceptors. i2. type = host
```

```
# 设置 event 的 headers 中<key,value> key 的值
a1. sources. r1. interceptors. i2. hostHeader = hostname
# 如果设置为 false，值就是主机名，如果设置为 true，值就是 IP 地址
a1. sources. r1. interceptors. i2. useIP = true


# 定义 channel 的类型及参数
a1. channels. c1. type = memory


# 定义 sink 的类型及参数
a1. sinks. k1. type = hdfs
# 通过时间戳拦截器滚动目录，精确到分
a1. sinks. k1. hdfs. path = hdfs://localhost:9000/flume/host-interceptor/%Y%m%d/%H/%M
# 文件前缀，把主机名信息添加到日志文件命名中
a1. sinks. k1. hdfs. filePrefix = events-%{hostname}
a1. sinks. k1. hdfs. fileSuffix = .log


# 将 channel 连接到对应的 source 和 sink
a1. sources. r1. channels = c1
a1. sinks. k1. channel = c1
```

启动 Agent。

```
bin/flume-ng agent --conf conf/ --conf-file conf/interhost/flume-host-interceptor.properties --name a1 -Dflume.root.logger=INFO,console
```

（3）静态拦截器

静态拦截器的作用是将 k/v 插入到事件的报头中，配置如表 7-4 所示。

表 7-4 静态拦截器配置

参数	默认值	描述
type	host	拦截器的类型必须是 static
key	key	静态拦截器添加的 key 的名字
value	value	静态拦截器添加的 key 对应的 value 值
preserveExisting	false	如果此拦截器增加的 key 已经存在，如果这个值设置为 true，则保持原来的值，否则覆盖原来的值

Flume 静态拦截器 Agent 编写案例如下：

在 interceptor/ 目录下创建静态拦截器 Agent 文件 flume-static-interceptor. properties。

```
touch conf/interhost/flume-static-interceptor. properties
```

编辑 flume-static-interceptor. properties 配置文件。

```
vi conf/interceptor/flume-static-interceptor. properties
写入如下内容
# 为当前 agent 设置各个组件的名称
a1. sources = r1 r2
a1. channels = c1
a1. sinks = k1


# 定义 source 的类型及参数
a1. sources. r1. type = exec
a1. sources. r1. command = tail -F /home/ec2-user/datas


# 启用拦截器,命名为 i1
a1. sources. r1. interceptors = i1


# 设置 i1 为静态拦截器
a1. sources. r1. interceptors. i1. type = static
a1. sources. r1. interceptors. i1. key = logs
a1. sources. r1. interceptors. i1. value = apache-log
a1. sources. r2. type = spooldir
a1. sources. r2. spoolDir = /home/ec2-user/datas


# 正则表达式,目的是忽略. audit 和. out 结尾的文件
a1. sources. r2. ignorePattern = ^. * (out | audit). *


# 启用拦截器,命名为 i2
a1. sources. r2. interceptors = i2


# 设置 i2 为静态拦截器
a1. sources. r2. interceptors. i2. type = static
a1. sources. r2. interceptors. i2. key = logs
a1. sources. r2. interceptors. i2. value = hadoop-log
```

```
# 定义 channel 的类型及参数
a1. channels. c1. type = memory

# 定义 sink 的类型及参数
a1. sinks. k1. type = hdfs

# 通过时间戳拦截器滚动目录,精确到分
a1. sinks. k1. hdfs. path = hdfs://localhost:9000/flume/static-interceptor/%{logs}

# 文件前缀,把主机名信息添加到日志文件命名中
a1. sinks. k1. hdfs. filePrefix = events-
a1. sinks. k1. hdfs. fileSuffix = .log

# 将 channel 连接到对应的 source 和 sink
a1. sources. r1. channels = c1
a1. sources. r2. channels = c1
a1. sinks. k1. channel = c1
```

修改测试数据脚本。

```
vi testdata. sh
```

将脚本修改为以下内容
```
#! /bin/bash
for i in $(seq 1 10)
do
touch /home/ec2-user/datas/flum $i. out;
touch /home/ec2-user/datas/flum $i. audit;
touch /home/ec2-user/datas/flum $i. txt;
touch /home/ec2-user/datas/flum $i. log;
sleep 0. 5m
done
```

以后台运行方式执行脚本。

```
./testdata. sh &
```

启动 Agent。

```
bin/flume-ng agent --conf conf/ --conf-file conf/interceptor/flume-static-interceptor. properties --name a1 -Dflume. root. logger=INFO,console
```

三分钟后按下 ctrl+c 退出 flume,查看 HDFS 数据。

2. 扇入

在做日志收集的时候,一个常见的场景就是,大量的生产日志的客户端发送数据到少量的附属于存储子系统的消费者 Agent,这就是扇入。例如,从数百个 Web 服务器中收集日志,它们发送数据到十几个负责将数据写入 HDFS 集群的 Agent,如图 7-10 所示。

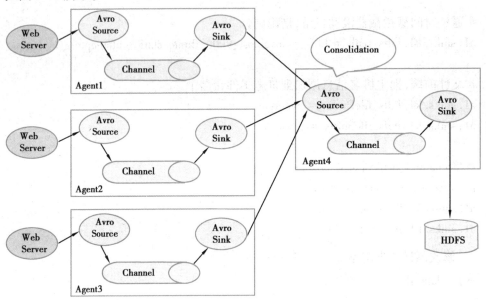

图 7-10　扇入原理图

扇入在 Flume 中实现,需要配置大量第一层的 Agent,每一个 Agent 都有一个 Avro Sink,让它们都指向同一个 Agent 的 Avro Source(在这样一个场景也可以使用 Thrift Source/Sink/Client)。在第二层 Agent 上的 Source 将收到的 Event 合并到一个 Channel 中,Event 被一个 Sink 发送到它的目的地。

Flume 扇入 Agent 编写案例如下:

在 Flume 的 conf 目录下创建一个新的目录(fanin),并在该目录下创建扇入 Agent 文件 flume-agent1. properties。

```
mkdir conf/fanin
touch conf/fanin/flume-agent1. properties
```

编辑 flume-agent1. properties 配置文件。

```
vi conf/fanin/flume-agent1. properties
```

写入以下内容
为当前 agent 设置各个组件的名称

```
a1. sources = r1
a1. channels = c1
a1. sinks = k1
```

```
# 定义 source 的类型及参数
a1. sources. r1. type = exec
a1. sources. r1. command = tail -f /home/ec2-user/testdata/test. txt
```

```
# 定义 channel 的类型及参数
a1. channels. c1. type = memory
a1. channels. c1. capacity = 10000
a1. channels. c1. transactionCapacity = 10000
```

```
# 定义 sink 的类型及参数
a1. sinks. k1. type = avro
a1. sinks. k1. hostname = localhost
a1. sinks. k1. port = 4545
```

```
# 将 channel 连接到对应的 source 和 sink
a1. sources. r1. channels = c1
a1. sinks. k1. channel = c1
```

创建第二个 Agent 文件,并进行编辑配置。

```
vi conf/fanin/flume-agent2. properties
```

写入以下内容
```
# 为当前 agent 设置各个组件的名称
a2. sources = r1
a2. channels = c1
a2. sinks = k1
```

```
# 定义 source 的类型及参数
a2. sources. r1. type = exec
a2. sources. r1. command = tail -f /home/ec2-user/testdata/test1. txt
```

```
# 定义 channel 的类型及参数
a2. channels. c1. type = memory
```

```
a2. channels. c1. capacity = 10000
a2. channels. c1. transactionCapacity = 10000

# 定义 sink 的类型及参数
a2. sinks. k1. type = avro
a2. sinks. k1. hostname = localhost
a2. sinks. k1. port = 4545

# 将 channel 连接到对应的 source 和 sink
a2. sources. r1. channels = c1
a2. sinks. k1. channel = c1
```

创建第三个 agent 文件,并进行编辑配置。

```
vi conf/fanin/flume-agent3. properties
```

写入以下内容
```
# 为当前 agent 设置各个组件的名称
a3. sources = r1
a3. channels = c1
a3. sinks = k1

# 定义 source 的类型及参数
a3. sources. r1. type = avro
a3. sources. r1. bind = localhost
a3. sources. r1. port = 4545

# 定义 channel 的类型及参数
a3. channels. c1. type = file

# 定义 sink 的类型及参数
a3. sinks. k1. type = hdfs
a3. sinks. k1. hdfs. path = hdfs://localhost:9000/flume/fanin/%Y%m%d/%H
# 文件前缀
a3. sinks. k1. hdfs. filePrefix = events-
```
控制日期目录的滚动规则(如果 sink 指定的 HDFS 路径要按照时间格式生成
目录,以下 4 个选项必须配置)

a3. sinks. k1. hdfs. useLocalTimeStamp = true

a3. sinks. k1. hdfs. round = true

a3. sinks. k1. hdfs. roundValue = 1

a3. sinks. k1. hdfs. roundUnit = hour

控制日志文件的滚动规则

每 30 秒滚动一次文件

a3. sinks. k1. hdfs. rollInterval = 30

文件大小达到 1 MB 就会滚动生成新的文件

a3. sinks. k1. hdfs. rollSize = 1048576

根据 events 的数量来控制文件滚动规则,通常不用这个参数,设置 0 表示禁用

a3. sinks. k1. hdfs. rollCount = 0

欺骗 flume 的作用,如果不设置为 1 可能导致导入数据失败

a3. sinks. k1. hdfs. minBlockReplicas = 1

设置生成文件的类型

a3. sinks. k1. hdfs. fileType = DataStream

a3. sinks. k1. hdfs. writeFormat = Text

将 channel 连接到对应的 source 和 sink

a3. sources. r1. channels = c1

a3. sinks. k1. channel = c1

编写测试数据脚本。

vi testdata. sh

```
#! /bin/bash
rm -rf /home/ec2-user/testdata
mkdir /home/ec2-user/testdata
touch /home/ec2-user/testdata/test. txt
touch /home/ec2-user/testdata/test1. txt
for i in $(seq 1 20)
do
echo $i >> /home/ec2-user/testdata/test. txt;
echo $i >> /home/ec2-user/testdata/test1. txt;
sleep 0. 1m
done
```

项目七 大数据日志处理(Flume) / 149

赋予脚本执行权限。

```
chmod +x testdata. sh
```

以后台运行的方式执行脚本。

```
./testdata. sh &
```

启动 3 个 Agent。

```
bin/flume-ng agent --conf conf/ --conf-file conf/fanin/flume-agent3. properties --
name a3 -Dflume. root. logger=INFO,console &
回车

bin/flume-ng agent --conf conf/ --conf-file conf/fanin/flume-agent1. properties --
name a1 -Dflume. root. logger=INFO,console &
回车

bin/flume-ng agent --conf conf/ --conf-file conf/fanin/flume-agent2. properties --
name a2 -Dflume. root. logger=INFO,console &
回车
```

2~3 分钟后查看 HDFS 文件内容,如图 7-11 所示。

```
11
12
13
14
15
16
```

图 7-11   结果查询

3. 扇出

Flume 支持多路输出 Event 流到一个或多个目的地,这是靠定义一个多路数据流实现的,它可以实现复制和选择性路由一个 Event 到一个或者多个 Channel 中,这就是扇出。

图 7-12 展示了 Agent foo 中 Source 扇出数据流到三个不同的 Channel,这个扇出可以是复制或者多路输出。在复制数据流的情况下,每一个 Event 被发送到三个 Channel;在多路输出的情况下,一个 Event 被发送到一部分可用的 Channel 中,它们是根据 Event 的属性和预先配置的值选择 Channel 的。这些映射关系应该被填写在 Agent 的配置文件中。

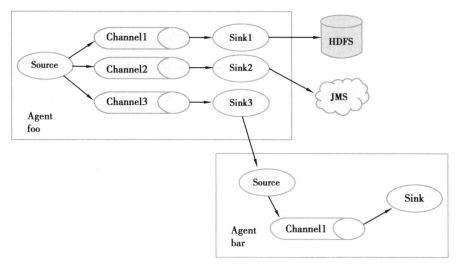

图 7-12 Flume 扇出简图

Flume 扇出 Agent 编写案例如下:

创建并编辑 flume-fanout-agent. properties 配置文件。

vi conf/fanout/flume-fanout-agent. properties

写入以下内容
为当前 agent 设置各个组件的名称
a1. sources = r1
a1. channels = c1 c2
a1. sinks = k1 k2

定义 source 的类型及参数
a1. sources. r1. type = exec
a1. sources. r1. command = tail -F /home/ec2-user/

定义 channel 的类型及参数
a1. channels. c1. type = memory
a1. channels. c1. capacity = 10000
a1. channels. c1. transactionCapacity = 10000
a1. channels. c2. type = file

定义 sink 的类型及参数
a1. sinks. k1. type = hdfs
a1. sinks. k1. hdfs. path = hdfs://localhost:9000/flume/fanout/%Y%m%d/%H

文件前缀

a1. sinks. k1. hdfs. filePrefix = events-

控制日期目录的滚动规则（如果 sink 指定的 HDFS 路径要按照时间格式生成
目录,以下 4 个选项必须配置）

a1. sinks. k1. hdfs. useLocalTimeStamp = true

a1. sinks. k1. hdfs. round = true

a1. sinks. k1. hdfs. roundValue = 1

a1. sinks. k1. hdfs. roundUnit = hour

控制日志文件的滚动规则

每 30 秒滚动一次文件

a1. sinks. k1. hdfs. rollInterval = 30

文件大小达到 1MB 就会滚动生成新的文件

a1. sinks. k1. hdfs. rollSize = 1048576

根据 events 的数量来控制文件滚动规则,通常不用这个参数,设置 0 表示禁用

a1. sinks. k1. hdfs. rollCount = 0

欺骗 flume 的作用,如果不设置为 1 可能导致导入数据失败

a1. sinks. k1. hdfs. minBlockReplicas = 1

设置生成文件的类型

a1. sinks. k1. hdfs. fileType = DataStream

a1. sinks. k1. hdfs. writeFormat = Text

a1. sinks. k2. type = logger

将 channel 连接到对应的 source 和 sink

a1. sources. r1. channels = c1 c2

#a1. sources. r1. channels = c2 分开写也是可以的

a1. sinks. k1. channel = c1

a1. sinks. k2. channel = c2

编写测试数据脚本。

```
vi testdata. sh

#! /bin/bash
rm -rf /home/ec2-user/testdata
mkdir /home/ec2-user/testdata
touch /home/ec2-user/testdata/test. txt
touch /home/ec2-user/testdata/test1. txt
for i in $( seq 1 20)
do
echo $i >> /home/ec2-user/testdata/test. txt;
echo $i >> /home/ec2-user/testdata/test1. txt;
sleep 0. 1m
done
```

赋予脚本执行权限。

```
chmod +x testdata. sh
```

以后台运行方式执行脚本。

```
./testdata. sh &
```

启动 Agent。

```
bin/flume-ng agent --conf conf/ --conf-file conf/fanout/flume-fanout-agent.
properties --name a1 -Dflume. root. logger=INFO,console &
```

2 ~ 3 分钟后查看 HDFS 文件内容,如图 7-13 所示。

```
11
12
13
14
15
16
```

图 7-13　结果查询

三、Flume 与 Kafka 结合进行日志处理

在实际生产环境中,Flume 很少存在单独使用的情况,大多数情况下 Flume 都会对接 Kafka 使用。Flume 对接 Kafka 主要是为了通过 Kafka 的 topic 功能,动态地增加或者减少接收的节点,并且 Flume 对接多个节点需要多个 Channel 和 Sink,这会导致内存不够的情况,因此 Flume 和 Kafka 对接使用的场景多是 Flume 收集日志文件。

下面将展示一个 Flume 对接 Kafka 的简单案例。

①在 Flume 的 conf/目录下创建并编辑 electronic. properties 文件。

```
vi conf/electronic. properties
```

写入以下内容
```
# 为当前 agent 设置各个组件的名称
a1. sources = r1
a1. channels = c1
a1. sinks = k1



# 定义 source 的类型及参数
a1. sources. r1. type = exec
a1. sources. r1. command = tail -f +0 /home/ec2-user/data/electronic. log



# 定义 channel 的类型及参数
# 使用内存进行缓冲数据
a1. channels. c1. type = memory
a1. channels. c1. capacity = 10000
a1. channels. c1. transactionCapacity = 10000
a1. channels. c1. byteCapacityBufferPercentage = 20
a1. channels. c1. byteCapacity = 800000


# 定义 sink 的类型及参数,设置 kafka 主题和相应设置
a1. sinks. k1. type = org. apache. flume. sink. kafka. KafkaSink
a1. sinks. k1. kafka. topic = dataClean
a1. sinks. k1. kafka. bootstrap. servers = localhost:9092
a1. sinks. k1. kafka. flumeBatchSize = 20
a1. sinks. k1. kafka. producer. acks = 1
a1. sinks. k1. kafka. producer. linger. ms = 1



# 将 channel 连接到对应的 source 和 sink
a1. sources. r1. channels = c1
a1. sinks. k1. channel = c1
```

注意:不同版本的 kafka. bootstrap. servers 写法不同。

②启动 Hadoop 相应的服务进程。

```
start-all.sh
```

③启动 Zookeeper 对应的服务进程。

```
zkServer.sh start
```

④启动 Kafka 的服务进程。

```
kafka-server-start.sh -daemon  config/server.properties
```

⑤创建 Kafka 主题。

```
kafka-topics.sh --create  --zookeeper localhost:2181/ --partitions 1 --replication-factor 1 --topic dataClean
```

⑥后台运行产生实验数据的 jar 包。

```
nohup java -jar /home/ec2-user/data/electronic.jar /home/ec2-user/data/electronic.txt /home/ec2-user/data/electronic.log &
  在看见 nohup: ignoring input and appending output to ‘nohup.out’后敲回车
```

⑦后台启动 Flume。

```
nohup flume-ng agent  --conf /home/ec2-user/bigdata/flume-1.6.0/conf --conf-file  /home/ec2-user/bigdata/flume-1.6.0/conf/electronic.properties --name a1 -Dflume.root.logger=info,console &
在看见 nohup: ignoring input and appending output to ‘nohup.out’后敲回车
```

⑧开启 Kafka 消费控制台,如图 7-14 所示。

```
kafka-console-consumer.sh --bootstrap-server localhost:9092 --topic dataClean
```

```
魏**,男,18~25岁,硕士,10253,信用支付,13855,14754,16034,云南,3998,0点~8点,支付宝,5431,9733,7217,10002,15381,15624,23673,41256,24727,3,信用支付,2901,163,1.66,2,5
97.13,10,18876,13467,13501,19523,18438,17777,13143,18637,19523,17777
尤**,男,18~25岁,大专,10253,其他,13855,11097,17544,海南,2666,18点~20点,云闪付,5431,6175,7217,10002,30113,24834,53014,93065,22357,3,教育支付,1254,2,3.45,2,1035.
69,6,17777,13467,18800,17777,13311,19523,13611,13143,19523,18876
曾**,女,18岁以下,本科,11422,教育支付,8356,11874,16034,北京,3323,18点~20点,微信,7243,5357,5835,10002,36119,15624,73579,77238,22357,3,社区服务,2901,63,4.74,1,10
35.69,4,18352,18822,18800,13938,18800,18800,18822,13467,13779,18144
曾**,女,35~40岁,博士,19872,法庭拍卖,15397,11621,11045,山东,2666,18点~20点,支付宝,7243,6175,6211,10001,15381,21140,63623,41256,24727,4,信用支付,4508,304,4.96,4
,478.53,6,18637,19523,13838,15219,13838,13910,19523,18637,18822,18800
秦**,男,18~25岁,硕士,18989,信用支付,18129,8553,17544,江苏,1848,10点~14点,云闪付,6193,7756,5835,10002,36119,24834,19940,93680,13699,2,医院缴费,2047,129,0.03,3,
1035.69,6,19523,18681,18438,13467,18800,15901,13311,13779,18800,18438
周**,男,25~30岁,本科,5644,信用支付,13855,11874,10039,香港,2707,18点~20点,微信,7054,9803,7937,10002,15381,24834,77131,75637,22357,1,教育支付,1254,778,1.66,4,86
0.35,10,19523,18822,13910,13910,18811,18637,13910,19523,13779,17777
蒋**,男,18~25岁,大专,19872,信用支付,15643,16658,15605,吉林,3003,0点~8点,云闪付,7054,6175,7217,10002,15381,21140,73579,33594,13699,1,教育支付,1254,68,2.31,1,94
7.54,6,13231,15810,19523,18876,18637,13611,13467,18637,13311,18438
吕**,男,18~25岁,本科,9001,景区服务,10826,11874,17090,安徽,1120,20点~24点,云闪付,9509,5357,8141,10004,15381,15624,63623,93680,13547,4,景区支付,2047,304,3.45,1,
243.02,10,18438,15810,13501,18876,18822,15810,13838,13910,13779,13266
鲁**,女,25~30岁,博士,16707,图书借阅,17669,11097,10039,宁夏,4855,14点~18点,微信,6193,9733,8314,10001,15381,21140,53014,93065,24727,3,景区支付,4735,21,4.96,4,47
8.53,6,15901,13311,19523,13501,13266,13838,13011,19523,18438,13910
褚**,男,18~25岁,博士,10294,医院就诊,17669,11874,14842,吉林,2023,18点~20点,云闪付,7054,6281,7937,10001,30113,24834,19940,33594,10399,2,景区支付,4735,344,1.51,3
,597.13,10,13266,18876,13910,18811,13467,19523,18637,17777,18637,13611
```

图 7-14　Kafka 消费控制台查询

任务检测

老张为了考查小王对 Flume 搭建和 Agent 编写的知识是否掌握牢固,让小王完成以下练习:

1. 在 Flume 数据收集的过程中,下列选项中能对数据进行过滤和修饰的是(　　)。

A. Sink　　　　B. Channel

C. type　　　　　　　D. Interceptor

2. 关于 Flume，下列说法错误的是（　　　）。

A. Flume 级联节点之间的数据传输支持加密

B. Flume 支持多级级联和多路复制

C. Source 到 Channel 到 Sink 等进程内部有加密的必要

D. Flume 级联节点之间的数据传输不支持压缩

3. 请简述 Flume 搭建过程。

📝 项目小结

　　Flume 是 Cloudera 提供的一个高可用的、高可靠的、分布式的海量日志收集、聚合和传输的系统，Flume 支持在日志系统中定制各类数据发送方，用于收集数据；同时，Flume 提供对数据进行简单处理，并写到各种数据接受方（可定制）的能力。

　　本项目首先简单介绍了 Flume 相关组件，其中主要部分包括 Source、Channel、Sink 3 个核心组件，然后介绍了 Flume 与其他收集系统的区别，最后通过 Flume 和 Kafka 的结合使用演示了 Flume 的实际应用过程。

📝 项目实训

一、实训目的

　　读者通过实训能熟练掌握 Flume Agent 的编写；掌握 Flume 对日志文件实时监听功能的实现；掌握 Flume 对端口功能的实现以及 Flume 与 Kafka 的集成使用。

二、实训内容

　　1. 使用 Flume 实现对 Hive 日志的实时监控，并上传到 HDFS 中，具体要求如下：

　　①编写符合要求的 Flume 配置文件，能实时收集 Hive 的实时日志文件中的更新数据。

　　②执行 Flume 配置文件时，将监听指定文件。

　　③Flume 将收集到的数据上传到 HDFS 中。

　　2. 使用 Flume 实现对 55555 端口的实时监控，并将数据发送至 Kafka 中。具体要求如下：

　　①编写符合要求的 Flume 配置文件，能实时收集端口数据。

　　②执行 Flume 配置文件时，将监听指定端口。

　　③Flume 将收集到的数据发送至 Kafka 中，并使用 Kafka 进行消费。

项 目 八

大数据实时计算框架（Spark）

    Spark 是一种通用的大数据计算框架，使用了内存内运算技术。2009 年，Spark 诞生于 2009 年伯克利大学的研究性项目 AMPLab，2010 年正式开源，2013 年成为 Aparch 基金项目，2014 年成为 Aparch 基金的顶级项目，发展及其迅速。它的出现也解决了 MapReduce 等过去的计算机系统无法在内存中保存中间结果的问题。

    本项目以知识点拆分的形式介绍了 Spark 相关的理论知识，旨在培养学生合格的思想道德素质和优秀的科学文化素质；践行社会主义核心价值观，牢固树立对中国特色社会主义的思想认同、政治认同、理论认同和情感认同。帮助学生掌握科学的思维方法，具有严谨求实的科学态度。通过对 Spark RDD、Streaming、SQL 等操作的讲解，培养学生高尚的职业理想及奋斗目标，具备良好的专业认同感和坚定的职业信念。

📡 学习目标

- 掌握 Spark SQL
- 了解 Spark 技术架构
- 了解 Spark 生态系统
- 了解 RDD
- 掌握 Spark RDD 操作
- 掌握 Spark Streaming

📡 学习情境

    经过这段时间的培训后，小王已经渐渐融入公司中，现在的小王与刚入职时相比已经有了很大的进步。见识到小王进步的老张决定让小王接触公司最后的业务内容大数据实时计算框架——Spark。在正式让小王接触 Spark 前,老张决定先给小王讲讲 Spark 的相关知识,其中包括了 Spark 的简单概述、Spark 技术架构、Spark 应用实践、Spark Streaming 和 Spark SQL。

📡 学习地图

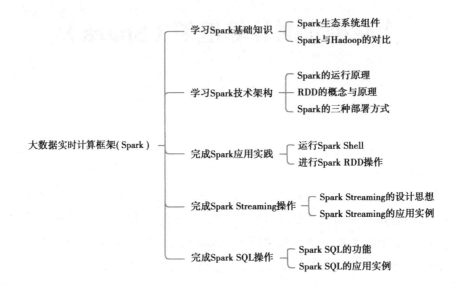

【任务一】学习 Spark 基础知识

📑 任务描述

Spark 是专为大规模数据处理而设计的快速通用的计算引擎,它有着和 Hadoop 相似的开源集群计算环境。为了能让小王更清晰地理解 Spark,老张决定先让小王了解 Spark 的生态系统组件和 Spark 与 Hadoop 的对比。

📑 知识学习

一、Spark 生态系统组件

随着大数据技术的发展,实时流计算、机器学习、图计算等领域成为较热门的研究方向,而 Spark 作为大数据处理的"利器"有着较为成熟的生态圈,能够一站式解决类似场景的问题。

Spark 生态系统以 Spark Core 为核心,能够读取传统文件(如文本文件)、HDFS、

Amazon S3、Alluxio 和 NoSQL 等数据源,利用 Standalone、YARN 和 Mesos 等资源调度管理,完成应用程序的分析与处理。这些应用程序来自 Spark 的不同组件,如 Spark Shell 或 Spark Submit 交互式批处理方式、Spark Streaming 的实时流处理应用、Spark SQL 的即席查询、采样近似查询引擎 BlinkDB 的权衡查询、MLbase/MLib 的机器学习、GraphX 的图处理和 SparkR 的数学计算等,如图 8-1 所示,正是这个生态系统实现了"One Stack to Rule Them All"的目标。

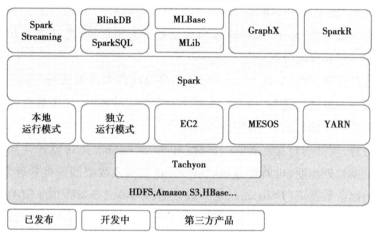

图 8-1　Spark 生态图

1. Spark Core

Spark Core 是整个 BDAS 生态系统的核心组件,是一个分布式大数据处理框架。Spark Core 中提供了多种资源调度管理,通过内存计算、有向无环图(DAG)等机制来保证分布式计算的快速处理,并引入了 RDD 的抽象保证数据的高容错性。

①Spark Core 提供了多种运行方式,其中包括 Standalone,YARN,MESOS 等。

②Spark Core 提供了有向无环图(DAG)的分布式计算框架,并提供了内存机制来支持多次迭代计算或者数据共享,大大减少了迭代计算之间读取数据的开销。

③在 Spark 中引入了 RDD 的抽象,它是分布在一组节点中的只读对象集合,这些集合是弹性的,如果数据集一部分丢失,则可以根据"血统"对它们进行重建,保证了数据的高容错性。

2. Spark Streaming

Spark Streaming 是一个对实时数据流进行高通量、容错处理的流式处理系统,可以对多种数据源(如 Kafka,Flume,Twitter,Zero 和 TCP 套接字)进行类似 Map,Reduce 和 Join 等复杂操作,并将结果保存到外部文件系统、数据库或应用到实时仪表盘,如图 8-2 所示。

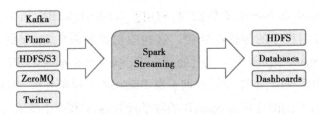

图 8-2　Spark Streaming 的输入/输出类型

由于使用 DStream,Spark Streaming 具有如下特性:

①动态负载均衡:Spark Streaming 将数据划分为小批量,通过这种方式可以实现对资源更加细粒度的分配。

②快速故障恢复机制:在 Spark 中,计算将分成许多小的任务,保证在任何节点运行后能够正确进行合并。因此,在某个节点出现故障时,这个节点的任务将均匀地分散在集群中的其他节点进行计算。

③批处理、流处理与交互式的一体化:Spark Streaming 是将流式计算分解成一系列短小的批处理作业,也就是 Spark Streaming 的输入数据按照批处理大小,分成一段一段的离散数据流(DStream),每一段数据都转换成 Spark 中的 RDD。

3. Spark SQL

Spark SQL 允许开发人员直接处理 RDD,同时也可查询例如在 Apache Hive 上存在的外部数据。Spark SQL 的一个重要特点是其能够统一处理关系表和 RDD,使得开发人员可以轻松地使用 SQL 命令进行外部查询,同时进行更复杂的数据分析。

Spark SQL 的特点包括:

①引入了新的 RDD 类型 SchemaRDD,可以像传统数据库定义表一样来定义 SchemaRDD,SchemaRDD 由定义了列数据类型的行对象构成。SchemaRDD 可以从 RDD 转换过来,也可以从 Parquet 文件读入,也可以使用 HiveQL 从 Hive 中获取。

②内嵌了 Catalyst 查询优化框架,在把 SQL 解析成逻辑执行计划之后,利用 Catalyst 包里的一些类和接口,执行了一些简单的执行计划优化,最后变成 RDD 的计算。

③在应用程序中可以混合使用不同来源的数据,如可以将来自 HiveQL 的数据和来自 SQL 的数据进行 Join 操作。

4. BlinkDB

BlinkDB 是一个用于在海量数据上运行交互式 SQL 查询的大规模并行查询引擎,如图 8-3 所示,它允许用户通过权衡数据精度来提升查询响应时间,其数据的精度被控制在允许的误差范围内。

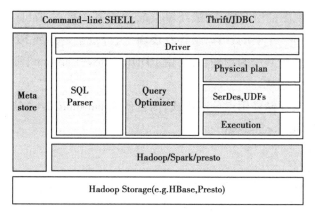

图 8-3　BlinkDB 结构图

5. MLBase/MLlib

MLBase 是 Spark 生态圈的一部分,负责机器学习,让机器学习的门槛更低,让一些可能并不了解机器学习的用户也能方便地使用 MLbase。MLBase 分为四部分:MLlib,MLI,ML Optimizer 和 MLRuntime,如图 8-4 所示。

①MLRuntime 基于 Spark 计算框架,将 Spark 的分布式计算应用到机器学习领域。

②MLlib 是 Spark 的一些常见的机器学习算法和实用程序,包括分类、回归、聚类、协同过滤、降维以及底层优化,该算法可以进行可扩充。

③MLI 是一个进行特征抽取和高级 ML 编程抽象的算法实现的 API 或平台。

④ML Optimizer 会选择它认为最适合的已经在内部实现了的机器学习算法和相关参数,来处理用户输入的数据,并返回模型或别的帮助分析的结果。

图 8-4　MLBase/MLlib 架构

6. GraphX

GraphX 是 Spark 中用于图和图并行计算的 API,可以认为是 GraphLab 和 Pregel 在 Spark 上的重写和优化。跟其他分布式图计算框架相比,GraphX 最大的优势是:在 Spark 的基础上提供了一站式数据解决方案,可以高效地完成图计算的完整流水作业。

GraphX 的底层设计有以下几个关键点:

①对 Graph 视图的所有操作,最终都会转换成其关联的 Table 视图的 RDD 操作来完成。这样对一个图的计算,最终在逻辑上,等价于一系列 RDD 的转换过程。

②两种视图底层共用的物理数据,由 RDD[Vertex-Partition]和 RDD[EdgePartition]这两个 RDD 组成。

③图的分布式存储采用点分割模式,而且使用 partition By 方法,由用户指定不同的划分策略(PartitionStrategy)。

7. SparkR

R 是遵循 GNU 协议的一款开源、免费的软件,广泛应用于统计计算和统计制图,但是它只能单机运行。为了能够使用 R 语言分析大规模分布式的数据,伯克利分校 AMP 实验室开发了 SparkR,并在 Spark 1.4 版本中加入了该组件。通过SparkR 可以分析大规模的数据集,并通过 R Shell 交互式地在 SparkR 上运行作业,如图 8-5 所示。SparkR 的特性如下:

①提供了 Spark 中弹性分布式数据集(RDDs)的 API,用户可以在集群上通过R Shell 交互性地运行 Spark 任务。

②支持序化闭包功能,可以将用户定义函数中所引用到的变量自动序化发送到集群中其他的机器上。

③SparkR 还可以很容易地调用 R 开发包,只需要在集群上执行操作前用 includePackage 读取 R 开发包就可以了。

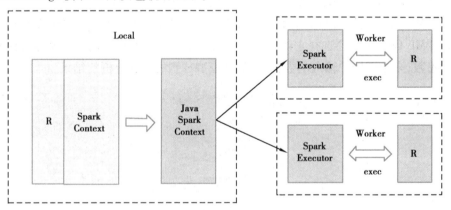

图 8-5 SparkR 的处理流程示意图

二、Spark 与 Hadoop 的对比

Hadoop MapReduce 由于其设计初衷并不是为了满足循环迭代式数据流处理,因此在多并行运行的数据库复用场景(如机器学习、图挖掘算法、交互式数据挖掘算法)中存在计算效率低等问题,所以 Spark 应运而生。Spark 就是在传统的 MapReduce 计算框架的基础上,利用其计算过程的优化,从而大大加快了数据分析、

挖掘的运行和读写速度,并将计算单元缩小到更适合并行计算和重复使用的 RDD 计算模型。二者的对比如表8-1所示。

表8-1 Hadoop 与 Spark 对比

对比项	Hadoop	Spark
场景	大数据数据集的批处理	迭代计算、流计算
编程范式	MapReduce,API 较低层,适应性差	RDD 组成 DAG 有向无环图,API 顶层,方便使用
存储	中间结果在磁盘,延迟大	RDD 结果在内存,延迟小
运行方式	Task 以进程方式维护,启动任务慢	Task 以线程方式维护,启动快
计算中间结果的存储	落到磁盘,IO 及序列化、反序列化代价大	在内存中维护,存取速度比磁盘高几个数量级
时间	需要数秒时间才能启动任务	对于小数据集读取能够达到亚秒级的延迟
计算模型	所有计算必须分解成 Map 和 Reduce 两个操作,但对于一些复杂的场景不适用	除了 Map、Reduce 操作,还提供了多种数据集操作类型,能应对更多的数据处理场景
磁盘开销	采取环形缓冲区溢写磁盘的方式,Map 操作计算出的中间结果会写入磁盘,再由 Reduce 从磁盘读取然后进行计算,磁盘读写频繁,磁盘 IO 开销大	采取归并排序写磁盘的方式,中间结果直接放入内存中(当内存溢出时,会使用磁盘空间),减少了磁盘开销,提高了任务执行效率
任务调度	使用迭代执行机制	使用 DAG 做任务调度,可以并行计算,优于 MapReduce 的迭代执行机制
容错能力	依赖于 HDFS 和 MapReduce 的容错机制	弹性分布数据集 RDD 之间存在依赖关系,子 RDD 依赖于父 RDD,子 RDD 的数据丢失了,可以通过父 RDD 找回

📠 任务检测

老张为了考查小王对 Spark 生态系统的知识是否掌握牢固,让小王完成以下练习:

1. 以下哪一个不是 Saprk 的特点。(   )

　　A. 随处运行　　　　　　B. 代码简洁

　　C. 使用复杂　　　　　　D. 运行快速

2. 与 Hadoop 相比,Spark 主要有以下哪些优点?(   )

A. 提供多种数据集操作类型而不仅限于 MapReduce

B. 数据集中式计算更加高效

C. 提供了内存计算,带来了更高的迭代运算效率

D. 基于 DAG 的任务调度执行机制

3. Spark 的特点包括(　　)。

A. 快速　　　　　　　　B. 通用

C. 可延伸　　　　　　　D. 兼容性

【任务二】学习 Spark 技术架构

任务描述

Spark 为公司的主营业务之一,光粗略地了解一些概述内容是远远不能胜任公司业务的。为了将小王培养为公司的核心人才,老张决定继续为小王讲解 Spark 技术架构中的运行原理、RDD 概念与原理、Spark 的三种部署方式。

知识学习

一、Spark 的运行原理

1. 运行架构

Spark 是基于内存计算的大数据并行计算框架,比 MapReduce 计算框架具有更高的实时性,同时具有高效容错性和可伸缩性,其运行架构如图 8-6 所示。

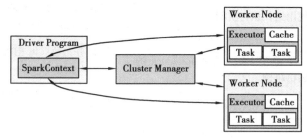

图 8-6　Spark 运行架构

在图 8-6 中,Spark 应用在集群上运行时,包括了多个独立的进程,这些进程之间通过驱动程序(Driver Program)中的 SparkContext 对象进行协调,SparkContext 对象能够与多种集群资源管理器(Cluster Manager)通信,一旦与集群资源管理器连接,Spark 会为该应用在各个集群节点上申请执行器(Executor),用于执行计算任务和存储数据。

Spark 将应用程序代码发送给所申请到的执行器,SparkContext 对象将分割出

的任务(Task)发送给各个执行器去运行。

需要注意的是,每个 Spark 应用程序都有其对应的多个执行器进程。执行器进程在整个应用程序生命周期内,都保持运行状态,并以多线程方式执行任务。这样做的好处是执行器进程可以隔离每个 Spark 应用。从调度角度来看,每个驱动器可以独立调度本应用程序的内部任务;从执行器角度来看,不同的 Spark 应用对应的任务将会在不同的 JVM 中运行。然而这样的架构也有缺点,多个 Spark 应用程序之间无法共享数据,除非把数据写到外部存储结构中。

Spark 对底层的集群管理器一无所知,只要 Spark 能够申请到执行器进程,能与之通信即可。这种实现方式可以使 Spark 比较容易地在多种集群管理器上运行,例如 Mesos,Yarn。

驱动器程序在整个生命周期内必须监听并接受其对应的各个执行器的连接请求,因此驱动器程序必须能够被所有的 Worker 节点访问到。

因为集群上的任务是由驱动器来调度的,所以驱动器应该和 Worker 节点距离近一些,最好在同一个本地局域网中,如果需要远程对集群发起请求,最好还是在驱动器节点上启动 RPC 服务响应这些远程请求,同时把驱动器本身放在离集群 Worker 节点比较近的机器上。

2. Spark 运行的基本流程

Spark 运行架构主要由 SparkContext,Cluster Manager 和 Worker 组成,其中 Cluster Manager 负责整个集群的统一资源管理,Worker 节点中的 Executor 是应用执行的主要进程,内部含有多个 Task 线程以及内存空间,Spark 运行基本流程如图 8-7 所示。

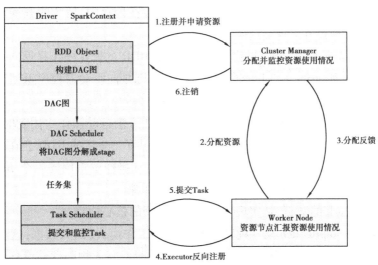

图 8-7　Spark 的基本运行流程

①当一个 Spark 应用被提交时,根据提交参数在相应的位置创建 Driver 进程, Driver 进程根据配置参数信息初始化 SparkContext 对象,即 Spark 运行环境,由 SparkContext 负责和 Cluster Manager 的通信以及资源的申请、任务的分配和监控等。SparkContext 启动后,创建 DAG Scheduler(将 DAG 图分解成 Stage)和 Task Scheduler(提交和监控 Task)两个调度模块。

②Driver 进程根据配置参数向 Cluster Manager 申请资源(主要是用来执行的 Executor),Cluster Manager 接收到应用(Application)的注册请求后,会使用自己的资源调度算法,在 Spark 集群的 Worker 节点上,通知 Worker 为应用启动多个 Executor。

③Executor 创建后,会向 Cluster Manager 进行资源及状态的反馈,便于 Cluster Manager 对 Executor 进行状态监控,如果监控到 Executor 失败,则会立刻重新创建。

④Executor 会向 SparkContext 反向注册申请 Task。

⑤Task Scheduler 将 Task 发送给 Worker 进程中的 Executor 运行并提供应用程序代码。

⑥当程序执行完毕后写入数据,Driver 向 Cluster Manager 注销申请的资源。

二、RDD 的概念与原理

1. RDD 的概念

RDD(Resilient Distributed Dataset)叫作分布式数据集,是 Spark 中最基本的数据抽象,它代表一个不可变、可分区、里面的元素可并行计算的集合。

RDD 具有数据流模型的特点:自动容错、位置感知性调度和可伸缩性。RDD 允许用户在执行多个查询时显式地将工作集缓存在内存中,后续的查询能够重用工作集,这极大地提升了查询速度。

RDD 支持两种操作:转化操作和行动操作。RDD 的转化操作是返回一个新的 RDD 的操作,比如 map()和 filter();而行动操作则是向驱动器程序返回结果或把结果写入外部系统的操作,比如 count() 和 first()。

Spark 采用惰性计算模式,RDD 只有第一次在一个行动操作中用到时,才会真正计算。Spark 可以优化整个计算过程。默认情况下,Spark 的 RDD 会在你每次对它们进行行动操作时重新计算。如果想在多个行动操作中重用同一个 RDD,可以使用 RDD. persist() 让 Spark 把这个 RDD 缓存下来。

RDD 是 Spark 的基石,是实现 Spark 数据处理的核心抽象。

Hadoop 的 MapReduce 是一种基于数据集的工作模式,面向数据,这种工作模式一般是从存储上加载数据集,然后操作数据集,最后写入物理存储设备。数据更多面临的是一次性处理。MR 的这种方式对数据领域两种常见的操作不是很高效。第一种是迭代式的算法,比如机器学习中的 ALS、凸优化梯度下降等,如图 8-8

所示。这些都需要基于数据集或者数据集的衍生数据反复查询、反复操作。MR这种模式不太合适,即使多 MR 串行处理,性能和时间也是一个问题,数据的共享依赖于磁盘。另外一种是交互式数据挖掘,MR 显然不擅长。

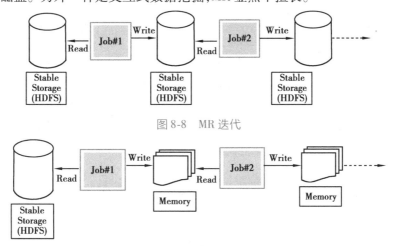

图 8-8　MR 迭代

图 8-9　Spark 迭代

我们需要一个效率非常快,且能够支持迭代计算和有效数据共享的模型,Spark 应运而生,如图 8-9 所示。RDD 是基于工作集的工作模式,更多的是面向工作流。

但是无论是 MR 还是 RDD 都应该具有类似位置感知、容错和负载均衡等的特性。

2. RDD 属性

通过 RDD 的内部属性,用户可以获取相应的元数据信息。通过这些信息可以支持更复杂的算法或优化。这些属性分别是 Partition、函数、依赖、Partitioner、列表。

①一组分片(Partition),即数据集的基本组成单位。对于 RDD 来说,每个分片都会被一个计算任务处理,并决定并行计算的粒度。用户可以在创建 RDD 时指定 RDD 的分片个数,如果没有指定,那么就会采用默认值,默认值就是程序所分配到的 CPU Core 的数目。

②一个计算每个分片的函数。Spark 中 RDD 的计算是以分片为单位的,每个 RDD 都会实现 compute 函数以达到这个目的。compute 函数会对迭代器进行复合,不需要保存每次计算的结果。

③RDD 之间的依赖关系。RDD 的每次转换都会生成一个新的 RDD,所以 RDD 之间就会形成类似于流水线一样的前后依赖关系。在部分分区数据丢失时,Spark 可以通过这个依赖关系重新计算丢失的分区数据,而不是对 RDD 的所有分区进行重新计算。

④一个 Partitioner，即 RDD 的分片函数。当前 Spark 中实现了两种类型的分片函数，一个是基于哈希的 HashPartitioner，另外一个是基于范围的 RangePartitioner。只有对于 key-value 的 RDD，才会有 Partitioner，非 key-value 的 RDD 的 Paritilioner 的值是 None。Partitioner 函数不但决定了 RDD 本身的分片数量，也决定了 parent RDD Shuffle 输出时的分片数量。

⑤一个列表，存储存取每个 Partition 的优先位置（preferred location）。对于一个 HDFS 文件来说，这个列表保存的就是每个 Partition 所在的块的位置。按照"移动数据不如移动计算"的理念，Spark 在进行任务调度的时候，会尽可能地将计算任务分配到其所要处理的数据块的存储位置。

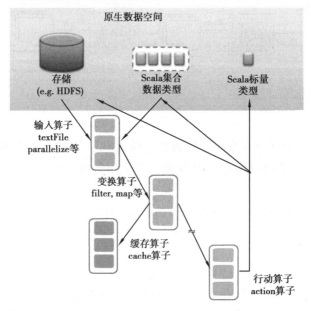

图 8-10　Spark RDD 的空间

3. RDD 的存储级别

Spark 中一个很重要的能力就是将数据持久化（或称为缓存），在多个操作间都可以访问这些持久化的数据。当持久化一个 RDD 时，每个节点的其他分区都可以使用 RDD 在内存中进行计算，在该数据上的其他 Action 操作将直接使用内存中的数据。这样会让以后的 Action 操作计算速度加快（通常运行速度会加速 10 倍）。缓存是迭代算法和快速的交互式操作使用的重要工具。

RDD 可以使用 persist( ) 方法或 cache( ) 方法进行持久化。数据将会在第一次 Action 操作时进行计算，并缓存在节点的内存中。Spark 的缓存具有容错机制，如果一个缓存的 RDD 的某个分区丢失了，Spark 将按照原来的计算过程，自动重新计算并进行缓存。

另外，每个持久化的 RDD 可以使用不同的存储级别进行缓存，例如，持久化到磁盘、已序列化的 Java 对象持久化到内存（可以节省空间）、跨节点间复制、以 off-heap 的方式存储在 Tachyon。这些存储级别通过传递一个 StorageLevel 对象（Scala、Java、Python）给 persist() 方法进行设置。cache() 方法是使用默认存储级别的快捷设置方法，默认的存储级别是 StorageLevel. MEMORY_ONLY（将反序列化的对象存储到内存中）。详细的存储级别介绍如表 8-2 所示。

表 8-2　RDD 存储级别

存储级别	描述
MEMORY_ONLY	将 RDD 以反序列化 Java 对象的形式存储在 JVM 中。如果内存空间不够，部分数据分区将不再缓存，在每次需要用到这些数据时重新进行计算。这是默认的级别
MEMORY_AND_DISK	将 RDD 以反序列化 Java 对象的形式存储在 JVM 中。如果内存空间不够，将未缓存的数据分区存储到磁盘，在需要使用这些分区时从磁盘读取
MEMORY_ONLY_SER	将 RDD 以序列化的 Java 对象的形式进行存储（每个分区为一个 byte 数组）。这种方式会比反序列化对象的方式节省很多空间，尤其是在使用 fast serializer 时会节省更多的空间，但是在读取时会增加 CPU 的计算负担
MEMORY_AND_DISK_SER	类似于 MEMORY_ONLY_SER，但是溢出的分区会存储到磁盘，而不是在用到它们时重新计算
DISK_ONLY	只在磁盘上缓存 RDD
MEMORY_ONLY_2	与 MEMORY_ONLY 相同，但存储 2 份 RDD 分区在不同集群节点上
MEMORY_AND_DISK_2	与 MEMORY_AND_DISK 相同，但存储 2 份 RDD 分区在不同集群节点上
MEMORY_ONLY_SER_2	与 MEMORY_ONLY_SER 相同，但存储 2 份 RDD 分区在不同集群节点上
MEMORY_AND_DISK_SER_2	与 MEMORY_AND_DISK_SER 相同，但存储 2 份 RDD 分区在不同集群节点上
DISK_ONLY_2	与 DISK_ONLY 相同，但存储 RDD 分区在 2 个集群节点上
OFF_HEAP	类似于 MEMORY_ONLY_SER，但是将数据存储在 off-heapmemory，这需要启动 off-heap 内存

注意：在 Python 中，缓存的对象总是使用 Pickle 进行序列化，所以在 Python 中不关心你选择的是哪一种序列化级别。Python 中的存储级别包括 MEMORY_ONLY，MEMORY_ONLY_2，MEMORY_AND_DISK，MEMORY_AND_DISK_2，DISK_

ONLY 和 DISK_ONLY_2。

4. RDD 的弹性

（1）自动进行内存和磁盘数据存储的切换

Spark 优先把数据放到内存中，如果内存放不下，就会放到磁盘里面，程序进行自动的存储切换。

（2）基于血统的高效容错机制

在 RDD 进行转换和动作的时候，会形成 RDD 的 Lineage 依赖链，当某一个 RDD 失效的时候，可以通过重新计算上游的 RDD 来重新生成丢失的 RDD 数据。

（3）Task 如果失败会自动进行特定次数的重试

RDD 的计算任务如果运行失败，会自动进行任务的重新计算，默认次数是 4 次。

（4）Stage 如果失败会自动进行特定次数的重试

如果 Job 的某个 Stage 阶段计算失败，框架也会自动进行任务的重新计算，默认次数也是 4 次。

（5）Checkpoint 和 Persist 可主动或被动触发

RDD 可以通过 Persist 持久化将 RDD 缓存到内存或者磁盘，当再次用到该 RDD 时直接读取就行。也可以将 RDD 进行检查点记录，检查点会将数据存储在 HDFS 中，该 RDD 的所有父 RDD 依赖都会被移除。

（6）数据调度弹性

Spark 把这个 JOB 执行模型抽象为通用的有向无环图 DAG，可以将多 Stage 的任务串联或并行执行，调度引擎自动处理 Stage 的失败以及 Task 的失败。

（7）数据分片的高度弹性

可以根据业务的特征，动态调整数据分片的个数，提升整体的应用执行效率。基于 RDD 的流式计算任务可描述为：从稳定的物理存储（如分布式文件系统）中加载记录，记录被传入由一组确定性操作构成的 DAG，然后写回稳定存储。

5. RDD 的特点

（1）分区

RDD 逻辑上是分区的，每个分区的数据是抽象存在的，计算的时候会通过一个 compute 函数得到每个分区的数据，如图 8-11 所示。如果 RDD 是通过已有的文件系统构建，则 compute 函数是读取指定文件系统中的数据，如果 RDD 是通过其他 RDD 转换而来，则 compute 函数是执行转换逻辑将其他 RDD 的数据进行转换。

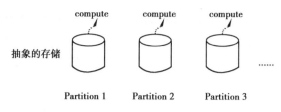

图 8-11　RDD 分区

（2）只读

如图 8-12 所示，RDD 是只读的，要想改变 RDD 中的数据，只能在现有的 RDD 基础上创建新的 RDD。

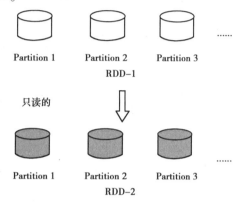

图 8-12　RDD 只读

由一个 RDD 转换到另一个 RDD，可以通过丰富的操作算子实现，不再像 Ma-pReduce 那样只能写 map 和 reduce 了，如图 8-13 所示。

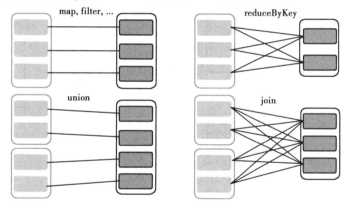

图 8-13　RDD 算子

RDD 的操作算子包括两类：一类叫作 Transformations，它是用来将 RDD 进行转化，构建 RDD 的血缘关系；另一类叫作 Actions，它是用来触发 RDD 的计算，得到 RDD 的相关计算结果或者将 RDD 保存在文件系统中。

（3）依赖

RDD 通过操作算子进行转换，转换得到的新 RDD 包含了从其他 RDD 衍生所必需的信息,RDD 之间维护着这种血缘关系,也称之为依赖。如图 8-14 所示,依赖包括两种:一种是窄依赖,RDD 之间分区是一一对应的;另一种是宽依赖,下游 RDD 的每个分区与上游 RDD(也称之为父 RDD)的每个分区都有关,是多对多的关系。

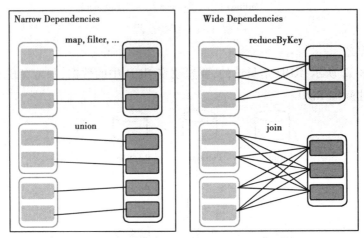

图 8-14　RDD 之间依赖关系

通过 RDDs 之间的这种依赖关系,一个任务流可以描述为 DAG(有向无环图),如图 8-15 所示,在实际执行过程中的宽依赖对应于 Shuffle(图中的 reduceByKey 和 join),窄依赖中的所有转换操作可以通过类似于管道的方式一气呵成执行(图中 map 和 union 可以一起执行)。

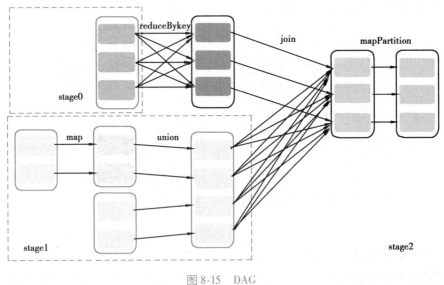

图 8-15　DAG

（4）缓存

如果在应用程序中多次使用同一个 RDD,可以将该 RDD 缓存起来,该 RDD 只有在第一次计算的时候会根据血缘关系得到分区的数据,在后续其他地方用到该

RDD 的时候,会直接从缓存处取得而不用再根据血缘关系计算,这样就可以加速后期的重用。如图 8-16 所示,RDD-1 经过一系列的转换后得到 RDD-n 并保存到 HDFS,RDD-1 在这一过程中会有个中间结果,如果将其缓存到内存,那么在随后的 RDD-1 转换到 RDD-m 这一过程中,就不会计算其之前的 RDD-0 了。

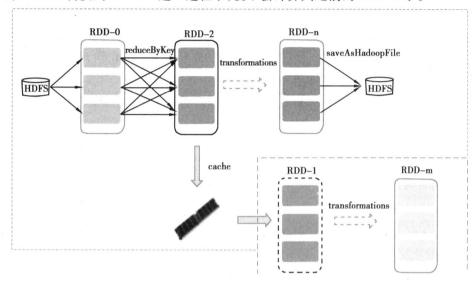

图 8-16　RDD 缓存

（5）Checkpoint

虽然 RDD 的血缘关系天然地可以实现容错,当 RDD 的某个分区数据失败或丢失,可以通过血缘关系重建,但是对于长时间迭代型应用来说,随着迭代的进行,RDD 之间的血缘关系会越来越长,一旦在后续迭代过程中出错,则需要通过非常长的血缘关系去重建,势必影响性能。为此,RDD 支持 Checkpoint 将数据保存到持久化的存储中,这样就可以切断之前的血缘关系,因为 Checkpoint 后的 RDD 不需要知道它的父 RDD 了,它可以从 Checkpoint 处拿到数据。

三、Spark 的三种部署方式

Spark 部署模式分为 Local 模式（本地单机模式）和集群模式,在 Local 模式下,常用于本地开发程序与测试,而集群模式又分为 Standalone 模式（集群单机模式）、Yarn 模式和 Mesos 模式。

1. Standalone 模式

Standalone 模式被称为集群单机模式。Spark 框架与 Hadoop1.0 版本框架类似,本身都自带了完整的资源调度管理服务,可以独立部署到一个集群中,无须依赖任何其他的资源管理系统,在该模式下,Spark 集群架构为主从模式,即一台 Master 节点与多台 Slave 节点,Slave 节点启动的进程名称为 Worker,此时集群会存在单点故障问题,后续将在 Spark HA 集群部署小节讲解利用 Zookeeper 解决单点故障问题的方案。

2. Yarn 模式

Yarn 模式被称为 Spark on Yarn 模式,即把 Spark 作为一个客户端,将作业提交给 Yarn 服务,由于在生产环境中,很多时候都要与 Hadoop 使用同一个集群,因此采用 Yarn 来管理资源调度,可以有效提高资源利用率,Yarn 模式又分为 Yarn Cluster 模式和 Yarn Client 模式。

- Yarn Cluster:用于生产环境,所有的资源调度和计算都在集群上运行。
- Yarn Client:用于交互、调试环境。

3. Mesos 模式

Mesos 模式被称为 Spark on Mesos 模式,Mesos 与 Yarn 同样是一款资源调度管理系统,可以为 Spark 提供服务,由于 Spark 与 Mesos 存在密切的关系,因此在设计 Spark 框架时充分考虑到了对 Mesos 的集成,但如果同时运行 Hadoop 和 Spark,从兼容性的角度来看,Spark on Yarn 是更好的选择。

上述三种分布式部署方案各有利弊,通常需要根据实际情况决定采用哪种方案。如果仅出于学习目的建议考虑选择 Standalone 模式,Standalone 模式方便在虚拟机环境下搭建。下面将进行 Standalone 模式搭建演示。

①下载 Spark 对应安装包。

下载地址:http://archive.apache.org/dist/spark

②将安装包解压到指定目录下,并对其重命名。

```
tar -zxvf spark-2.1.2-bin-hadoop2.7.tgz -C ../modul/
mv spark-2.1.2-bin-hadoop2.7/ spark-2.1.2
```

③配置 Spark 环境变量。

```
vi /etc/profile
```

```
添加如下内容
export SPARK_HOME=/usr/local/modul/spark-2.1.2
export PATH= $PATH: $SPARK_HOME/bin: $SPARK_HOME/sbin
```

④重载环境变量。

```
source /etc/profile
```

⑤复制文件 spark-env.sh.template,并重命名为 spark-env.sh,对其进行相应配置。

```
cp conf/spark-env.sh.template conf/spark-env.sh
vi conf/spark-env.sh
```

添加如下内容
设置 JAVA 安装目录
```
JAVA_HOME=/usr/local/jdk1.8.0_121
```

HADOOP 软件配置文件目录,读取 HDFS 上文件和运行 Spark 在 YARN 集群时需要,先提前配上
```
HADOOP_CONF_DIR=/usr/local/modul/hadoop-2.7.3/etc/hadoop
YARN_CONF_DIR=/usr/local/modul/hadoop-2.7.3/etc/hadoop
```

指定 spark 老大 Master 的 IP 和提交任务的通信端口
```
SPARK_MASTER_HOST=hadoop1
SPARK_MASTER_PORT=7077
```

```
SPARK_MASTER_WEBUI_PORT=8080
```

```
SPARK_WORKER_CORES=1
SPARK_WORKER_MEMORY=1g
```
⑥复制文件 slaves.template,并重命名为 slaves,对其进行相应配置。
```
cp conf/slaves.template conf/slaves
vi conf/slaves
```

将 localhost 替换为如下内容
```
hadoop1
hadoop2
hadoop3
```
⑦将配置好的 Spark 安装包分发给集群中其他机器。
```
scp -r spark-2.1.2/ root@hadoop2:/usr/local/modul/
scp -r spark-2.1.2/ root@hadoop3:/usr/local/modul/
```
⑧启动 Spark 集群,并通过 jps 查看集群是否正常启动。
```
# 进入 hadoop1 下的 spark/sbin 目录启动 spark 集群
./start-all.sh
```

正常启动后可以在主机 1 中看见 Master 和 Worker 两个服务进程,在主机 2 和 3 中只能看见 Worker 一个服务进程。

⑨通过浏览器查看 Spark 集群情况,如图 8-17 所示。

http://主机名:8080/

或

http://IP:8080/

图 8-17 Spark WEB

任务检测

老张为了考查小王对 Spark 技术架构的知识是否掌握牢固,让小王完成以下练习:

1. Spark 的集群部署模式不包括(　　　)。

    A. Standalone   B. Spark on Mesos

    C. Spark on Yarn   D. Local

2. 下面哪个操作是窄依赖? (　　　)。

    A. Map   B. FlatMap

    C. ReduceByKey   D. Sample

【任务三】完成 Spark 应用实践

任务描述

Spark 的理论知识为小王讲解得差不多后,老张决定一边动手操作一边为小王讲解 Spark 的应用实践,从而加深小王对 Spark Shell 和 RDD 的印象。

📖 知识学习

一、运行 Spark Shell

Spark Shell 提供了一个简单的方式来学习 Spark API,并且能够以实时、交互的方式来分析数据。在 Spark Shell 进行交互式编程时,可以采用 Scala 和 Python 两种语言。由于 Spark 是由 Scala 语言编写的,了解 Scala 有助于学习掌握 Spark,所以之后的所有操作均以 Scala 进行。

执行命令启动 Spark Shell,可以使用-master 参数来设置 SparkContext 要连接的集群,例如:

```
##spark-shell - master spark://host:port
```

集群格式见表8-3,如果不加参数会以默认 Local 方式(在本地启动线程)启动。启动成功后,在输出信息的末尾可以查看到"scala>"命令提示符。

```
#spark-shell
……
scala>
```

执行. /bin/spark-shell-help 可以查看 Spark-shell 的相关帮助信息。

表 8-3　Spark Shell 中-master 可接收的值

存储级别	描述
Local[N]	使用 N 条 Worker 线程在本地运行
Spark://host:port	在 Spark standalone 中运行,指定 Spark 集群的 Master 地址,端口默认为 7077
Mesos://host:port	在 Apache Mesos 中运行,指定 Mesos 地址
yarn	在 Yarn 中运行,YARN 的地址由环境变量 HADOOP_CONF_DIR 来指定

二、进行 Spark RDD 操作

Spark RDD 支持两种类型的操作:转换操作(Transformation)和行动操作(Action)。

在 Spark 中,所有的 Transformations 都是懒加载的,它们不会马上计算它们的结果,而是仅仅记录转换操作是应用到哪些基础数据集上的,只有当 Actions 要返回结果的时候计算才会发生。默认情况下,每一个转换过的 RDD 会在每次执行 Actions 的时候重新计算一次。但是可以使用 persist(或 cache)方法持久化一个

RDD 到内存中,这样 Spark 会在集群上保存相关的元素,下次查询的时候会变得更快,也可以持久化 RDD 到磁盘,或在多个节点间复制。

1. Transformation

转换操作(Transformation):从已经存在的数据集中创建一个新的数据集,如 Map。下面展示几个常用 Transformation 函数使用方法。

(1)filter(func)

filter 返回一个新的数据集,从源数据中选出 func 返回 true 的元素。

```scala
scala> val a = sc.parallelize(1 to 9)
scala> val b = a.filter(x => x > 5)
scala> b.collect
res11: Array[Int] = Array(6, 7, 8, 9)
```

(2)flatMap(func)

与 Map 类似,区别是原 RDD 中的元素经 Map 处理后只能生成一个元素,而经 flatmap 处理后可生成多个元素来构建新的 RDD,所以 func 必须返回一个 Seq,而不是单个 item。

举例:对原 RDD 中的每个元素 x 产生 y 个元素(从 1 到 y,y 为元素 x 的值)。

```scala
scala> val a = sc.parallelize(1 to 4, 2)
scala> val b = a.flatMap(x => 1 to x)
scala> b.collect
res12: Array[Int] = Array(1, 1, 2, 1, 2, 3, 1, 2, 3, 4)
```

(3)mapPartitions(func)

mapPartitions 是 Map 的一个变种。Map 的输入函数是应用于 RDD 中的每个元素,而 mapPartitions 的输入函数是应用于每个分区,也就是把每个分区中的内容作为整体来处理的。

它的函数定义为:

```scala
def mapPartitions[U](f: (Iterator[T]) => Iterator[U], preservesPartitioning: Boolean = false)(implicit arg0: ClassTag[U]): RDD[U]
```

f 即为输入函数,它处理每个分区里面的内容。每个分区中的内容将以 Iterator[T] 传递给输入函数 f,f 的输出结果是 Iterator[U]。最终的 RDD 由所有分区经过输入函数处理后的结果合并起来的。

```scala
scala> val rdd = sc.makeRDD(1 to 5, 2)
scala> val rdd2 = rdd.mapPartitions(x => {
 |    var result = List[Int]()
 |    var i = 0
```

```
|   while( x. hasNext) {
|     i += x. next
|   }
|   result. : :( i). iterator
|})
    scala> rdd2. collect
res13：Array[Int] = Array(3, 12)
```

```
scala> rdd2. partitions. size
res14：Int = 2
```

上述例子中 rdd2 将 rdd 每个分区中的数值累加。

（4）mapPartitionsWithIndex（func）

函数定义。

def mapPartitionsWithIndex[U](f：(Int, Iterator[T]) = > Iterator[U], preserves-Partitioning：Boolean = false)(implicit arg0：ClassTag[U])：RDD[U]

mapPartitionsWithIndex 的作用与 mapPartitions 相同，不过提供了两个参数，第一个参数为分区的索引。

```
scala> val rdd = sc. makeRDD(1 to 5, 2)
scala> val rdd2 = rdd. mapPartitionsWithIndex(
|   ( x, iter) = > {
|     var result = List[Int]( )
|     var i = 0
|     while( iter. hasNext) {
|       i += iter. next
|     }
|   result. : :( x + " |" + i). iterator
|})
scala> rdd2. collect
res14：Array[String] = Array(0|3, 1|12)
```

```
scala> rdd2. partitions. size
res15：Int = 2
```

2. Action

行动操作（Action）：数据集上进行计算之后返回一个值，如 Reduce。下面展示几个常用的 Action 函数的使用方法。

（1）count

返回数据集中的元素的个数。

```
scala> val rdd=sc. parallelize(List(1,2,3,4,5,6))
scala> rdd. count
res0：Long = 6
```

（2）countByKey

针对(K,V)类型的 RDD,返回一个(K,Int)的 Map,表示每一个 Key 对应的元素个数。

```
scala> val rdd = sc. parallelize(List((1,3),(1,2),(1,4),(2,3),(3,6),(3,8)),3)
scala> rdd. countByKey
res1：scala. collection. Map[Int,Long] = Map(3 -> 2, 1 -> 3, 2 -> 1)
```

（3）collect

以 Array 返回 RDD 的所有元素,一般在过滤或者处理足够小的结果的时候使用。

```
scala> val rdd=sc. parallelize(List(1,2,3,4,5,6))
scala> rdd. collect
res2：Array[Int] = Array(1, 2, 3, 4, 5, 6)
```

（4）top

自定义一个排序规则(倒序),返回最大的 n 个数组成的数组。

```
scala> val rdd=sc. parallelize(List(1,2,3,4,5,6))
scala> rdd. top(3)
res3：Array[Int] = Array(6, 5, 4)
```

（5）take

返回当前 RDD 中的前 n 个元素。

```
scala> val rdd=sc. parallelize(List(1,2,3,4,5,6))
scala> rdd. take(3)
res4：Array[Int] = Array(1, 2, 3)
```

（6）first

返回当前 RDD 的第一个元素。

```
scala> val rdd=sc. parallelize(List(1,2,3,4,5,6))
scala> rdd. first
res233：Int = 1
```

（7）reduce

根据指定函数,对 RDD 中的元素进行两两计算,返回计算结果。

```
scala> val b=sc.parallelize(Array(("A",0),("A",2),("B",1),("B",2),
("C",1)))
scala> b.reduce((x,y)=>{(x._1+y._1,x._2+y._2)}
res234：(String,Int) = (ABBCA,6)
```

（8）foreach

对 RDD 中的每个元素都使用指定函数,做循环,无返回值。但要注意,如果对 RDD 执行 foreach,只会在 Executor 端有效,而并不是 Driver 端。

比如：rdd.foreach(println),只会在 Executor 的 stdout 中打印出来,Driver 端是看不到的。

```
scala> var cnt = sc.accumulator(0)
scala> var rdd1 = sc.makeRDD(1 to 10,2)
scala> rdd1.foreach(x => cnt += x)
scala> cnt.value
res237：Int = 55


scala> rdd1.collect.foreach(println)
1
2
3
4
5
6
7
8
9
10
```

任务检测

老张为了考查小王对 Spark Shell 和 Spark RDD 的知识是否掌握牢固,让小王完成以下练习：

1. 下面哪个选项不是 RDD 的特点？（　　　）

　　A. 可分区　　　　　　　B. 可序列化

　　C. 可修改　　　　　　　D. 可持久化

2.RDD 有哪些缺陷？（　　　）

　　A.不支持细粒度的写和更新操作

　　B.基于内存的计算

　　C.拥有 schema 信息

　　D.不支持增量迭代计算

【任务四】完成 Spark Streaming 操作

任务描述

　　Spark Streaming 不仅是 Spark 核心 API 的扩展，还是 Spark 实时计算的核心内容。为了能让小王彻底理解 Spark Streaming，老张决定从 Spark Streaming 的设计思想和应用实例这两方面入手为小王进行讲解。

知识学习

一、Spark Streaming 的设计思想

　　Spark Streaming 是 Spark 核心 API 的扩展，支持实时数据流的可扩展、高吞吐量和容错流处理。数据可以从 Kafka、Kinesis 或 TCP 套接字等多种来源获取，也可以通过 Map，Reduce，Join 和 Window 等高级函数表达复杂的算法进行处理。最后，可以将处理过的数据推送到文件系统、数据库和实时仪表板。事实上，用户可以在数据流上应用 Spark 的机器学习和图形处理算法。

　　在内部，它的工作原理如图 8-18 所示。Spark Streaming 接收实时的输入数据流，将数据进行批量处理，再由 Spark 引擎进行处理，最终批量生成结果流。

图 8-18　Spark Streaming 数据流

　　Spark Streaming 提供了一个被称为离散流（DStream）的高级抽象，它表示一个连续的数据流。DStreams 可以从 Kafka 和 Kinesis 等数据源的输入数据流中创建，也可以通过在其他 DStreams 上应用高级操作来创建，如图 8-19 所示。在内部，DStream 被表示为一系列的 RDD。

图 8-19　Spark Streaming 工作原理

二、Spark Streaming 的应用实例

假定用户有某个周末网民网购停留时间的日志文本,基于某些业务要求,要求开发 Spark 应用程序实现如下功能:

①实时统计连续网购时间超过半个小时的女性网民信息。

②周末两天的日志文件第一列为姓名,第二列为性别,第三列为本次停留时间,单位为分钟,分隔符为",”。

log1.txt:周六网民停留日志。

LiuYang,female,20

YuanJing,male,10

GuoYijun,male,5

CaiXuyu,female,50

LiYuan,male,20

FangBo,female,50

LiuYang,female,20

YuanJing,male,10

GuoYijun,male,50

CaiXuyu,female,50

FangBo,female,60

log2.txt:周日网民停留日志。

LiuYang,female,20

YuanJing,male,10

CaiXuyu,female,50

FangBo,female,50

GuoYijun,male,5

CaiXuyu,female,50

LiYuan,male,20

CaiXuyu,female,50

FangBo,female,50

LiuYang,female,20

YuanJing,male,10

FangBo,female,50

GuoYijun,male,50

CaiXuyu,female,50

FangBo,female,60

操作步骤如下：

①安装 Maven 包。

```xml
<? xml version="1.0" encoding="UTF-8"? >
<project xmlns="http://maven.apache.org/POM/4.0.0"
      xmlns:xsi="http://www.w3.org/2001/XMLSchema-instance"
       xsi:schemaLocation=" http://maven.apache.org/POM/4.0.0 http://
maven.apache.org/xsd/maven-4.0.0.xsd">
  <modelVersion>4.0.0</modelVersion>

  <groupId>com.xu.sparktest1</groupId>
  <artifactId>sparktest1</artifactId>
  <version>1.0-SNAPSHOT</version>

  <properties>
      <spark.version>2.1.0</spark.version>
      <scala.version>2.11</scala.version>
  </properties>

  <dependencies>
      <dependency>
          <groupId>org.apache.spark</groupId>
          <artifactId>spark-core_${scala.version}</artifactId>
          <version>${spark.version}</version>
      </dependency>
      <dependency>
          <groupId>org.apache.spark</groupId>
          <artifactId>spark-streaming_${scala.version}</artifactId>
          <version>${spark.version}</version>
      </dependency>
      <dependency>
          <groupId>org.apache.spark</groupId>
          <artifactId>spark-sql_${scala.version}</artifactId>
          <version>${spark.version}</version>
      </dependency>
```

```
        <dependency>
            <groupId>org. apache. spark</groupId>
            <artifactId>spark-streaming-kafka-0-8_2. 11</artifactId>
            <version>2. 1. 1</version>
        </dependency>
    </dependencies>


<build>
    <sourceDirectory>src/main/scala</sourceDirectory>
    <testSourceDirectory>src/test/scala</testSourceDirectory>


    <plugins>
        <plugin>
            <groupId>org. apache. maven. plugins</groupId>
            <artifactId>maven-compiler-plugin</artifactId>
            <version>3. 5. 1</version>
            <configuration>
                <source>1. 8</source>
                <target>1. 8</target>
            </configuration>
        </plugin>
        <plugin>
            <groupId>net. alchim31. maven</groupId>
            <artifactId>scala-maven-plugin</artifactId>
            <version>3. 2. 0</version>
            <executions>
                <execution>
                    <goals>
                        <goal>compile</goal>
                        <goal>testCompile</goal>
                    </goals>
                    <configuration>
                        <args>
                            <arg>-dependencyfile</arg>
```

```
                    <arg> ${ project. build. directory}/. scala_dependencies</arg>
                        </args>
                    </configuration>
                </execution>
            </executions>
        </plugin>
    </plugins>
  </build>

</project>
```

②编写 Scala 代码。

```
import org. apache. spark. streaming. dstream. {DStream, ReceiverInputDStream}
import org. apache. spark. streaming. kafka. KafkaUtils
import org. apache. spark. streaming. {Seconds, StreamingContext}
import org. apache. spark. {HashPartitioner, SparkConf}

object SparkStreamTest5 {
  def main(args: Array[String]): Unit = {
    val sparkConf = new SparkConf(). setAppName("SparkHomeWork2").
setMaster("local[2]")

    val ssc = new StreamingContext(sparkConf, Seconds(5))
    ssc. sparkContext. setLogLevel("WARN")
    ssc. checkpoint(".")

    //创建连接 kafka 的参数
    val brokeList = "node01:9092, node02:9092, node03:9092"
    val zk = "node01:2181/kafka"
    val sourceTopic = "sparkhomework-test4"
    val consumerGroup = "sparkhomework2"

    val topicMap = sourceTopic. split(","). map((_, 1. toInt)). toMap

    val lines = KafkaUtils. createStream(ssc, zk, consumerGroup, topicMap). map
(_._2)
```

```
    val results = lines. flatMap(_. split(" ")). filter(_. contains("female"))

    val femaleData：DStream[(String, Int)] = results. map { line =>
        val t = line. split(',')
        (t(0), t(2). toInt)
    }. reduceByKey(_ + _)
    //筛选出时间大于两个小时的女性网民信息,并输出
    val date = femaleData. updateStateByKey(updateFunction, new HashPartitioner
(ssc. sparkContext. defaultParallelism), true). filter(line => line. _2 > 120)
    date. print()
    ssc. start()
    ssc. awaitTermination()
  }

  val updateFunction = (iter：Iterator[(String, Seq[Int], Option[Int])]) => {
    iter. flatMap { case (x, y, z) => Some(y. sum + z. getOrElse(0)). map(v =
> (x, v)) }
  }
}
```

③启动相应服务(包括 Zookeeper 和 Kafka)。

④log 压缩,并分割。

LiuYang, female, 20 YuanJing, male, 10 GuoYijun, male, 5 CaiXuyu, female, 50
LiYuan,male,20 FangBo,female,50 LiuYang,female,20 YuanJing,male,10 GuoYi-
jun,male,50 CaiXuyu,female,50 FangBo,female,60
LiuYang, female, 20 YuanJing, male, 10 CaiXuyu, female, 50 FangBo, female, 50
GuoYijun,male,5 CaiXuyu,female,50 Liyuan,male,20 CaiXuyu,female,50 FangBo,
female,50 LiuYang, female, 20 YuanJing, male, 10 FangBo, female, 50 GuoYijun,
male,50 CaiXuyu,female,50 FangBo,female,60

⑤Kafka 创建 Topic。

--使用命令创建 Topic

```
bin/kafka-topics. sh --create --topic sparkhomework-test4 --replication-factor 1
--partitions 3 --zookeeper hadoop1:2181/kafka
```

--开启 Producer

```
bin/kafka-console-producer. sh --broker-list hadoop1:9092,hadoop2:9092,ha-
doop3:9092 --topic sparkhomework-test4
```

⑥启动 Scala 的 main 方法。

```
20/07/02 20:32:18 WARN RandomBlockReplicationPolicy: Ex
20/07/02 20:32:18 WARN BlockManager: Block input-0-1593
-------------------------------------------
Time: 1593693140000 ms
-------------------------------------------
(CaiXuyu,300)
(FangBo,320)
```

图 8-20　最终结果

任务检测

老张为了考查小王对 Spark Streaming 的知识是否掌握牢固,让小王完成以下练习:

1. 下列关于 Speark Streaming 和 Streaming 比较的说法不正确的是(　　)。

　　A. SparkStreaming 是一个微批处理框架,事件需要积累到一定量时才进行处理

　　B. Streaming 的执行逻辑是即时启动,运行完后再回收

　　C. Spark Streaming 的吞吐量大约是 Streaming 的 2~5 倍

　　D. Spark Streaming 事件处理的时延比 Streaming 更高

2. 简述 Spark Streaming 的工作流程。

【任务五】完成 Spark SQL 操作

任务描述

关系型数据库是目前市面上使用最广的数据库,但由于关系型数据库无法满足大数据项目的需求,所以很少有大数据项目使用关系型数据。但 Spark SQL 的出现填补了这一空白。Spark SQL 不仅可以对内部和外部各种数据源执行各种关系型操作,还可以支持大数据中的大量数据源和数据分析算法。处于公司业务需求方面的考虑,老张决定为小王讲解 Spark SQL 的基本功能并演示 Spark SQL 应用实例。

知识学习

一、Spark SQL 的功能

Spark SQL 的前身是 Shark,Shark 最初是美国加州大学伯克利分校的实验室开发的 Spark 生态系统的组件之一,它运行在 Spark 系统之上,Shark 重用了 Hive 的工作机制,并直接继承了 Hive 的各个组件。Shark 将 SQL 语句的转换从 MapReduce

作业替换成了 Spark 作业，虽然这样提高了计算效率，但由于 Shark 过于依赖 Hive，因此在版本迭代时很难添加新的优化策略，从而限制了 Spark 的发展，在 2014 年，伯克利实验室停止了对 Shark 的维护，转向 Spark SQL 的开发。Spark SQL 主要提供了以下 3 个功能：

（1）Spark SQL 可以从各种结构化数据源（如 JSON，Hive，Parquet 等）中读取数据，进行数据分析。

（2）Spark SQL 包含行业标准的 JDBC 和 ODBC 连接方式，因此它不局限于在 Spark 程序内使用 SQL 语句进行查询。

（3）Spark SQL 可以无缝地将 SQL 查询与 Spark 程序进行结合，它能够将结构化数据作为 Spark 中的分布式数据集（RDD）进行查询，在 Python，Scala 和 Java 中均集成了相关 API，这种紧密的集成方式能够轻松地运行 SQL 查询以及复杂的分析算法。

总体来说，Spark SQL 支持多种数据源的查询和加载，兼容 Hive，可以使用 JDBC 和 ODBC 的连接方式来执行 SQL 语句，它为 Spark 框架在结构化数据分析方面提供了重要的技术支持。

二、Spark SQL 的应用实例

现有一份公司收入数据如下：

每一列含义为：公司代码，年度，1 月到 12 月的收入金额

burk，year，tsl01，tsl02，tsl03，tsl04，tsl05，tsl06，tsl07，tsl08，tsl09，tsl10，tsl11，tsl12
853101，2010，100200，25002，19440，20550，14990，17227，40990，28778，19088，29889，10990，20990
853101，2011，19446，20556，14996，17233，40996，28784，19094，28779，19089，29890，10991，20991
853101，2012，19447，20557，14997，17234，20560，15000，17237，28780，19090，29891，10992，20992
853101，2013，20560，15000，17237，41000，17234，20560，15000，17237，41000，29892，10993，20993
853101，2014，19449，20559，14999，17236，41000，28788，28786，19096，29897，41000，28788，20994
853101，2015，100205，25007，19445，20555，17236，40999，28787，19097，29898，29894，10995，20995
853101，2016，100206，25008，19446，20556，17237，41000，28788，19098，29899，29895，10996，20996
853101，2017，100207，25009，17234，20560，15000，17237，41000，15000，17237，41000，28788，20997

853101,2018,100208,25010,41000,28788,28786,19096,29897,28786,19096,
29897,10998,20998

853101,2019,100209,25011,17236,40999,28787,19097,29898,28787,19097,
29898,10999,20999

846271,2010,100210,25012,17237,41000,28788,19098,29899,28788,19098,
29899,11000,21000

846271,2011,100211,25013,19451,20561,15001,17238,41001,28789,19099,
29900,11001,21001

846271,2012,100212,100213,20190,6484,46495,86506,126518,166529,
206540,246551,286562,326573

846271,2013,100213,100214,21297,5008,44466,83924,123382,162839,
202297,241755,281213,320671

846271,2014,100214,100215,22405,3531,42436,81341,120245,159150,
198055,236959,275864,314769

846271,2015,100215,100216,23512,2055,19096,29897,28786,19096,29897,
41000,29892,308866

846271,2016,100216,100217,24620,579,38377,76175,28788,28786,19096,
29897,41000,302964

846271,2017,100217,100218,25727,898,36347,73592,40999,28787,19097,
29898,29894,297062

846271,2018,100218,100219,26835,2374,34318,71009,41000,28788,19098,
29899,29895,291159

846271,2019,100219,100220,27942,3850,32288,68427,17237,41000,15000,
17237,41000,285257

需按如下要求对数据进行处理:

①统计每个公司每年按月累计收入(行转列 --> sum 窗口函数)。

输出结果:公司代码,年度,月份,当月收入,累计收入

②统计每个公司当月比上年同期增长率(行转列 --> lag 窗口函数)。

输出结果:公司代码,年度,月度,增长率(当月收入/上年当月收入 - 1)

需求①的参考代码:

```
import org. apache. spark. sql. expressions. Window
import org. apache. spark. sql. {Column, DataFrame, SparkSession}



object Demand1 {
```

```scala
def main(args: Array[String]): Unit = {
  // 创建 spark 入口
  val spark: SparkSession = SparkSession
    .builder()
    .appName("Demand1")
    .master("local")
    .getOrCreate()

  // 加载数据文件
  val data: DataFrame = spark.read
    .schema("burk Int,year Int,tsl01 Int,tsl02 Int,tsl03 Int,tsl04 Int,tsl05 Int,
tsl06 Int,tsl07 Int,tsl08 Int,tsl09 Int,tsl10 Int,tsl11 Int,tsl12 Int")
    .format("csv")
    .load("spark/data/explode/test.txt")

  // 导入隐式转换
  import org.apache.spark.sql.functions._
  import spark.implicits._

  // 行转列列名映射
  val columns: Column = map(
    expr("1"),  $"tsl01",
    expr("2"),  $"tsl02",
    expr("3"),  $"tsl03",
    expr("4"),  $"tsl04",
    expr("5"),  $"tsl05",
    expr("6"),  $"tsl06",
    expr("7"),  $"tsl07",
    expr("8"),  $"tsl08",
    expr("9"),  $"tsl09",
    expr("10"), $"tsl10",
    expr("11"), $"tsl11",
    expr("12"), $"tsl12")
```

```
    data
        // 行转列
      . select ( $"burk", $"year", explode(columns) as Array("month", "in-
come"))
      // 求按月累计收入
      . withColumn("inc_income", sum( $"income") over Window. partitionBy( $"
burk", $"year"). orderBy( $"month"))
      . show(30)
    }
}
```

需求①的结果如图 8-21 所示。

```
+------+----+-----+------+----------+
| burk|year|month|income|inc_income|
+------+----+-----+------+----------+
|846271|2018|    1|100218|    100218|
|846271|2018|    2|100219|    200437|
|846271|2018|    3| 26835|    227272|
|846271|2018|    4|  2374|    229646|
|846271|2018|    5| 34318|    263964|
|846271|2018|    6| 71009|    334973|
|846271|2018|    7| 41000|    375973|
|846271|2018|    8| 28788|    404761|
|846271|2018|    9| 19098|    423859|
|846271|2018|   10| 29899|    453758|
|846271|2018|   11| 29895|    483653|
```

图 8-21　需求①的结果

如图 8-21 所示每月累计收入为当月收入加上月累计收入的总和。

需求②的参考代码：

```
import org. apache. spark. sql. expressions. Window
import org. apache. spark. sql. {Column, DataFrame, SparkSession}




object Demand2 {
  def main(args: Array[String]): Unit = {
  // 创建 spark 入口
  val spark: SparkSession = SparkSession
    . builder()
    . appName("Demand2")
    . master("local")
    . getOrCreate()
```

```scala
// 加载数据文件
val data: DataFrame = spark. read
    . schema("burk Int,year Int,tsl01 Int,tsl02 Int,tsl03 Int,tsl04 Int,tsl05 Int,
tsl06 Int,tsl07 Int,tsl08 Int,tsl09 Int,tsl10 Int,tsl11 Int,tsl12 Int")
    . format("csv")
    . load("spark/data/explode/test. txt")


// 导入隐式转换
import org. apache. spark. sql. functions. _
import spark. implicits. _

// 行转列列名映射
val columns: Column = map(
    expr("1"),  $"tsl01",
    expr("2"),  $"tsl02",
    expr("3"),  $"tsl03",
    expr("4"),  $"tsl04",
    expr("5"),  $"tsl05",
    expr("6"),  $"tsl06",
    expr("7"),  $"tsl07",
    expr("8"),  $"tsl08",
    expr("9"),  $"tsl09",
    expr("10"),  $"tsl10",
    expr("11"),  $"tsl11",
    expr("12"),  $"tsl12")

    data
    // 行转列
    . select( $"burk",  $"year", explode(columns)  as Array("month", "in-
come"))
    // 求同一个月上一年销售额
    . withColumn("lastYear_month", lag( $"income", 1, 0) over Window. parti-
tionBy( $"burk",  $"month"). orderBy( $"year"))
```

```
    // 求同比增长 p
    .withColumn("p", round(coalesce($"income" / $"lastYear_month" - 1,
expr("0")), 5))
    .show(30)
  }
}
```

需求②的结果如图 8-22 所示。

```
+------+----+-----+------+--------------+--------+
|  burk|year|month|income|lastYear_month|       p|
+------+----+-----+------+--------------+--------+
|846271|2010|    4| 41000|             0|     0.0|
|846271|2011|    4| 20561|         41000|-0.49851|
|846271|2012|    4|  6484|         20561|-0.68465|
|846271|2013|    4|  5008|          6484|-0.22764|
|846271|2014|    4|  3531|          5008|-0.29493|
|846271|2015|    4|  2055|          3531|-0.41801|
|846271|2016|    4|   579|          2055|-0.71825|
|846271|2017|    4|   898|           579| 0.55095|
|846271|2018|    4|  2374|           898| 1.64365|
|846271|2019|    4|  3850|          2374| 0.62174|
|853101|2010|    7| 40990|             0|     0.0|
```

图 8-22　需求②结果

由图 8-22 可知同比增长 p 值为本年收入减去去年同月份收入的值后除以去年同月份收入。

任务检测

老张为了考查小王对 Spark SQL 的知识是否掌握牢固,让小王完成以下练习:

1. 下面关于 Spark SQL 架构的描述错误的是(　　)。

　　A. 在 Shark 原有的架构上重写了逻辑执行计划的优化部分

　　B. Spark SQL 在 Hive 兼容层面仅依赖 HiveQL 解析和 Hive 元数据

　　C. Spark SQL 执行计划生成和优化都由 Catalyst 负责

　　D. Spark SQL 执行计划生成和优化需要依赖 Hive 来完成

2. 要把一个 DataFrame 保存到 people. json 文件中,下面语句正确的是(　　)。

　　A. df. write. json("people. json")

　　B. df. json("people. json")

　　C. df. write. format("csv"). save("people. json")

　　D. df. write. csv("people. json")

项目小结

Spark 是用于大规模数据处理的统一分析引擎。Spark 借鉴了 MapReduce 思想发展而来,保留了其分布式并行计算的优点并改进了其明显的缺陷,让中间数据存储在内存中提高了运行速度,并提供丰富的操作数据为 API 加快了开发速度。

本项目首先简单介绍了 Spark 的概述与应用,并分析了 Hadoop 存在的缺点与 Spark 的优势,以及 Spark 的技术原理。Spark 使用弹性分布式数据集 RDD,以此为基础形成结构一体、功能多样的完整的大数据生态系统,支持内存计算、SQL 即时查询、实时流式计算、机器学习和图计算等。

项目实训

一、实训目的

读者通过实训能熟练掌握 Spark Streaming 实时分析和 Spark SQL 操作,实现对数据的查询、统计等功能。

二、实训内容

1. 使用 Spark Streaming 读取并解析如下所示的 JSON 数据。
2. 使用 Spark Streaming 读取实时统计的每个卡口的平均车速和车的数量。
3. 使用 Spark SQL 读取统计最近 15 秒的车辆,每隔 5 秒统计一次。
4. 使用 Spark SQL 读取计算平均车速。
5. 使用 Spark SQL 读取统计的结果并保存到 mysql 中。

{" car":" 皖 A9A7N2"," city _ code":" 340500"," county _ code":" 340522"," card":1179880316030101," camera _ id":" 00001"," orientation":" 西南"," road_ id":34052055,"time":1614711895,"speed":36. 38}
{" car":" 皖 A9A7N2"," city _ code":" 340500"," county _ code":" 340522"," card":1179880316030101," camera _ id":" 01001"," orientation":" 西南"," road_ id":34052056,"time":1614711904,"speed":35. 38}
{" car":" 皖 A9A7N2"," city _ code":" 340500"," county _ code":" 340522"," card":1179850316010101," camera _ id":" 01214"," orientation":" 西南"," road_ id":34052057,"time":1614711914,"speed":45. 38}
{" car":" 皖 A9A7N2"," city _ code":" 340500"," county _ code":" 340522"," card":1179840316010101," camera _ id":" 01024"," orientation":" 西北"," road_ id":34052058,"time":1614711924,"speed":45. 29}
{" car":" 皖 A9A7N2"," city _ code":" 340500"," county _ code":" 340522"," card":1179700316060101," camera _ id":" 01022"," orientation":" 西北"," road_ id":34052059,"time":1614712022,"speed":75. 29}
{" car":" 皖 A9A7N2"," city _ code":" 340500"," county _ code":" 340522"," card":1179560316250101," camera _ id":" 01132"," orientation":" 西北"," road_ id":34052060,"time":1614712120,"speed":46. 29}

{"car":"皖 A9A7N2","city_code":"340500","county_code":"340522","card":117925031638010,"camera_id":"00202","orientation":"西北","road_id":34052061,"time":1614712218,"speed":82.29}
{"car":"皖 A9A7N2","city_code":"340500","county_code":"340522","card":117902031651010,"camera_id":"01102","orientation":"西北","road_id":34052062,"time":1614712316,"speed":82.29}
{"car":"皖 A9A7N2","city_code":"340100","county_code":"340181","card":117885031666010,"camera_id":"01221","orientation":"西北","road_id":34308114,"time":1614712414,"speed":48.5}
{"car":"皖 A9A7N2","city_code":"340100","county_code":"340181","card":117855031704010,"camera_id":"00231","orientation":"西北","road_id":34308115,"time":1614712619,"speed":59.5}
{"car":"皖 A9A7N2","city_code":"340100","county_code":"340181","card":117817031742010,"camera_id":"01130","orientation":"西北","road_id":34308116,"time":1614712824,"speed":52.5}
{"car":"皖 A9A7N2","city_code":"340100","county_code":"340181","card":117784031777010,"camera_id":"00123","orientation":"西北","road_id":34308117,"time":1614713030,"speed":71.5}
{"car":"皖 A9A7N2","city_code":"340100","county_code":"340181","card":117720031793010,"camera_id":"00132","orientation":"西北","road_id":34308118,"time":1614713235,"speed":65.5}
…
…
…

参考文献

［1］肖睿,丁科,吴刚山.基于 Hadoop 与 Spark 的大数据开发实践［M］.北京：人民邮电出版社,2020.